Aprender

Eureka Math®

3.er grado
Módulos 5 y 6

Publicado por Great Minds®.

Impreso en los EE. UU.
Este libro puede comprarse en la editorial en eureka-math.org.
2 3 4 5 6 7 8 9 10 BAB 25 24 23

ISBN 978-1-64054-891-6

G3-SPA-M5-M6-L-05.2019

Aprender • Practicar • Triunfar

Los materiales del estudiante de *Eureka Math®* para *Una historia de unidades™* (K–5) están disponibles en la trilogía *Aprender, Practicar, Triunfar*. Esta serie apoya la diferenciación y la recuperación y, al mismo tiempo, permite la accesibilidad y la organización de los materiales del estudiante. Los educadores descubrirán que la trilogía *Aprender, Practicar y Triunfar* también ofrece recursos consistentes con la Respuesta a la intervención (RTI, por sus siglas en inglés), las prácticas complementarias y el aprendizaje durante el verano que, por ende, son de mayor efectividad.

Aprender

Aprender de *Eureka Math* constituye un material complementario en clase para el estudiante, a través del cual pueden mostrar su razonamiento, compartir lo que saben y observar cómo adquieren conocimientos día a día. *Aprender* reúne el trabajo en clase—la Puesta en práctica, los Boletos de salida, los Grupos de problemas, las plantillas—en un volumen de fácil consulta y al alcance del usuario.

Practicar

Cada lección de *Eureka Math* comienza con una serie de actividades de fluidez que promueven la energía y el entusiasmo, incluyendo aquellas que se encuentran en *Practicar* de *Eureka Math*. Los estudiantes con fluidez en las operaciones matemáticas pueden dominar más material, con mayor profundidad. En *Practicar*, los estudiantes adquieren competencia en las nuevas capacidades adquiridas y refuerzan el conocimiento previo a modo de preparación para la próxima lección.

En conjunto, *Aprender* y *Practicar* ofrecen todo el material impreso que los estudiantes utilizarán para su formación básica en matemáticas.

Triunfar

Triunfar de *Eureka Math* permite a los estudiantes trabajar individualmente para adquirir el dominio. Estos grupos de problemas complementarios están alineados con la enseñanza en clase, lección por lección, lo que hace que sean una herramienta ideal como tarea o práctica suplementaria. Con cada grupo de problemas se ofrece una Ayuda para la tarea, que consiste en un conjunto de problemas resueltos que muestran, a modo de ejemplo, cómo resolver problemas similares.

Los maestros y los tutores pueden recurrir a los libros de *Triunfar* de grados anteriores como instrumentos acordes con el currículo para solventar las deficiencias en el conocimiento básico. Los estudiantes avanzarán y progresarán con mayor rapidez gracias a la conexión que permiten hacer los modelos ya conocidos con el contenido del grado escolar actual del estudiante.

Estudiantes, familias y educadores:

Gracias por formar parte de la comunidad de *Eureka Math*®, donde celebramos la dicha, el asombro y la emoción que producen las matemáticas.

En las clases de *Eureka Math* se activan nuevos conocimientos a través del diálogo y de experiencias enriquecedoras. A través del libro *Aprender* los estudiantes cuentan con las indicaciones y la sucesión de problemas que necesitan para expresar y consolidar lo que aprendieron en clase.

¿Qué hay dentro del libro Aprender?

Puesta en práctica: la resolución de problemas en situaciones del mundo real es un aspecto cotidiano de *Eureka Math*. Los estudiantes adquieren confianza y perseverancia mientras aplican sus conocimientos en situaciones nuevas y diversas. El currículo promueve el uso del proceso LDE por parte de los estudiantes: Leer el problema, Dibujar para entender el problema y Escribir una ecuación y una solución. Los maestros son facilitadores mientras los estudiantes comparten su trabajo y explican sus estrategias de resolución a sus compañeros/as.

Grupos de problemas: una minuciosa secuencia de los Grupos de problemas ofrece la oportunidad de trabajar en clase en forma independiente, con diversos puntos de acceso para abordar la diferenciación. Los maestros pueden usar el proceso de preparación y personalización para seleccionar los problemas que son «obligatorios» para cada estudiante. Algunos estudiantes resuelven más problemas que otros; lo importante es que todos los estudiantes tengan un período de 10 minutos para practicar inmediatamente lo que han aprendido, con mínimo apoyo de la maestra.

Los estudiantes llevan el Grupo de problemas con ellos al punto culminante de cada lección: la Reflexión. Aquí, los estudiantes reflexionan con sus compañeros/as y el maestro, a través de la articulación y consolidación de lo que observaron, aprendieron y se preguntaron ese día.

Boletos de salida: a través del trabajo en el Boleto de salida diario, los estudiantes le muestran a su maestra lo que saben. Esta manera de verificar lo que entendieron los estudiantes ofrece al maestro, en tiempo real, valiosas pruebas de la eficacia de la enseñanza de ese día, lo cual permite identificar dónde es necesario enfocarse a continuación.

Plantillas: de vez en cuando, la Puesta en práctica, el Grupo de problemas u otra actividad en clase requieren que los estudiantes tengan su propia copia de una imagen, de un modelo reutilizable o de un grupo de datos. Se incluye cada una de estas plantillas en la primera lección que la requiere.

¿Dónde puedo obtener más información sobre los recursos de Eureka Math?

El equipo de Great Minds® ha asumido el compromiso de apoyar a estudiantes, familias y educadores a través de una biblioteca de recursos, en constante expansión, que se encuentra disponible en eureka-math.org. El sitio web también contiene historias exitosas e inspiradoras de la comunidad de *Eureka Math*. Comparte tus ideas y logros con otros usuarios y conviértete en un Campeón de *Eureka Math*.

¡Les deseo un año colmado de momentos "¡ajá!"!

Jill Diniz

Jill Diniz
Directora de matemáticas
Great Minds®

El proceso de Leer-Dibujar-Escribir

El programa de *Eureka Math* apoya a los estudiantes en la resolución de problemas a través de un proceso simple y repetible que presenta la maestra. El proceso Leer-Dibujar-Escribir (LDE) requiere que los estudiantes

1. Lean el problema.
2. Dibujen y rotulen.
3. Escriban una ecuación.
4. Escriban un enunciado (afirmación).

Se procura que los educadores utilicen el andamiaje en el proceso, a través de la incorporación de preguntas tales como

- ¿Qué observas?
- ¿Puedes dibujar algo?
- ¿Qué conclusiones puedes sacar a partir del dibujo?

Cuánto más razonen los estudiantes a través de problemas con este enfoque sistemático y abierto, más interiorizarán el proceso de razonamiento y lo aplicarán instintivamente en el futuro.

Contenido

Módulo 5: Fracciones como números en la recta numérica

Tema E: Fracciones equivalentes

Tema F: Comparación, clasificación y tamaño de las fracciones

Módulo 6: Recolección y presentación de datos

Tema A: Crear y analizar datos categóricos

Tema B: Crear y analizar datos de medidas

3.er grado
Módulo 5

Mide la longitud de tu libro de matemáticas con una regla. Luego vuelve a medirlo en centímetros.

a. ¿Qué unidad es mayor, una pulgada o un centímetro?

b. ¿Cuál daría como resultado un número mayor al medir el libro de matemáticas, las pulgadas o los centímetros?

Lee **Dibuja** **Escribe**

c. Mide al menos 2 objetos diferentes usando pulgadas y centímetros. ¿Qué observas?

Lee **Dibuja** **Escribe**

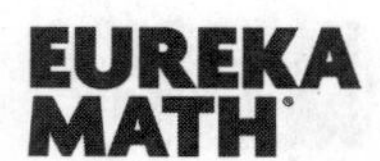

Nombre ______________________________ Fecha ______________

1. Se considera que un vaso de precipitado está lleno cuando el líquido llega a la línea de llenado cerca de la parte superior. Calcula la cantidad de agua en el vaso de precipitado al sombrear el dibujo como se indica. El primer ejercicio ya está resuelto.

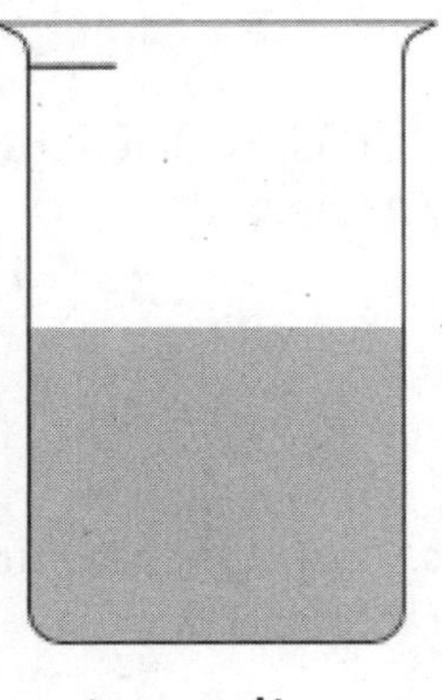

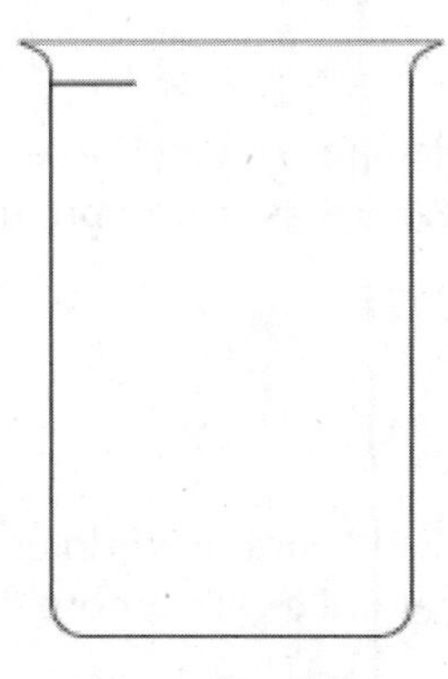

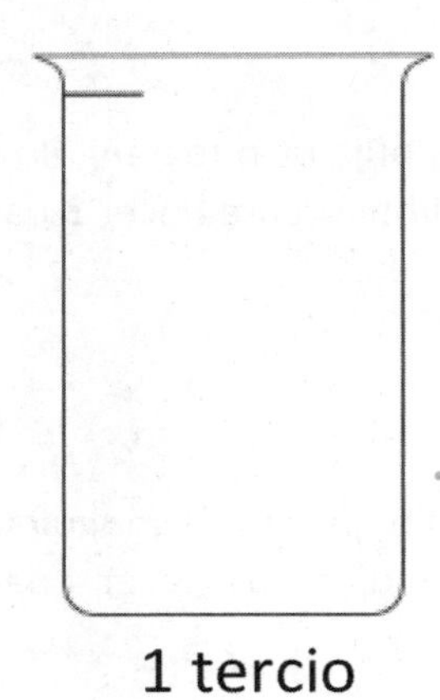

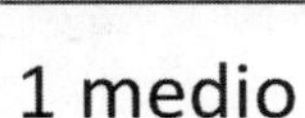

1 cuarto

1 tercio

2. Juanita corta su queso de hebra en partes iguales como se muestra en los rectángulos a continuación. En el espacio a continuación, nombra la fracción del queso de hebra representada por la parte sombreada.

____

____

____

3. a. Dibuja un rectángulo pequeño en el siguiente espacio. Calcula para dividirlo en 2 partes iguales. ¿Cuántas líneas tuviste que dibujar para hacer 2 partes iguales? ¿Cuál es el nombre de cada unidad fraccionaria?

   b. Dibuja otro rectángulo pequeño. Calcula para dividirlo en 3 partes iguales. ¿Cuántas líneas tuviste que dibujar para hacer 3 partes iguales? ¿Cuál es el nombre de cada unidad fraccionaria?

   c. Dibuja otro rectángulo pequeño. Calcula para dividirlo en 4 partes iguales. ¿Cuántas líneas tuviste que dibujar para hacer 4 partes iguales? ¿Cuál es el nombre de cada unidad fraccionaria?

4. Cada rectángulo representa 1 hoja de papel.

   a. Calcula para demostrar cómo podrías cortar el papel en unidades fraccionarias como se indica a continuación.

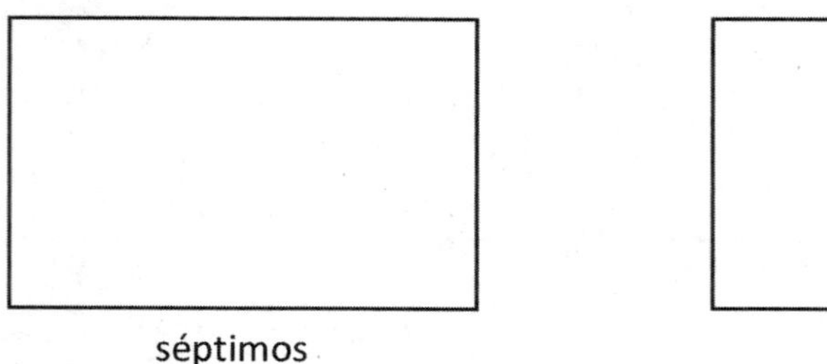

séptimos novenos

   b. ¿Qué notas? ¿Cuántas líneas crees que podrías dibujar para hacer un rectángulo con 20 partes iguales?

5. Rochelle tiene una tira de madera de 12 pulgadas de largo. Ella la corta en piezas de 6 pulgadas de largo cada una. ¿Qué fracción de la madera es una pieza? Usa tu tira de la lección como ayuda. Dibuja una imagen para mostrar la pieza de madera y cómo la cortó Rochelle.

Nombre ______________________________ Fecha ____________

1. Nombra la fracción que está sombreada.

____

2. Calcula para dividir cada rectángulo en tercios.

3. Un plomero tiene 12 pies de tuberías. Él las corta en piezas de 3 pies de largo cada una. ¿Qué fracción de la tubería representaría una pieza? (Usa tu tira de la lección como ayuda).

Anu necesita cortar un trozo de papel en 6 partes iguales. Dibuja al menos 3 imágenes para mostrar cómo puede Anu cortar su papel para que todas las partes sean iguales.

Lee **Dibuja** **Escribe**

Nombre ________________________________ Fecha ________________

1. Encierra en un círculo las tiras que están dobladas para hacer partes iguales.

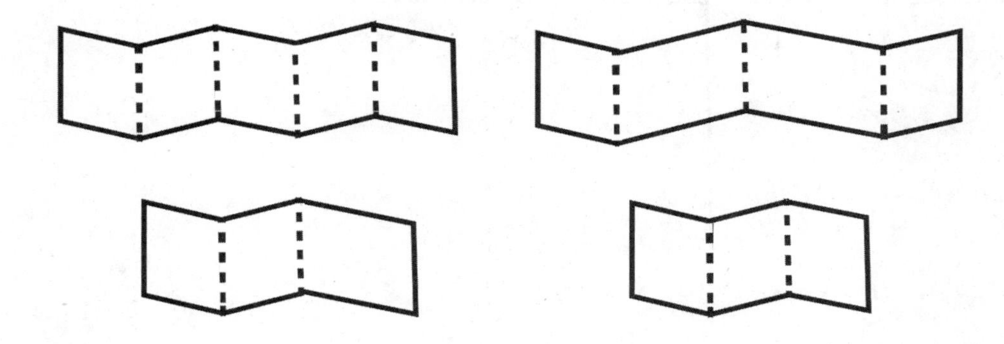

2.

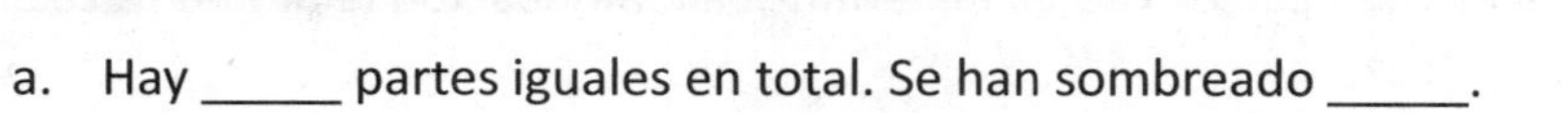

a. Hay _____ partes iguales en total. Se han sombreado _____.

b. Hay _____ partes iguales en total. Se han sombreado _____.

c. Hay _____ partes iguales en total. Se han sombreado _____.

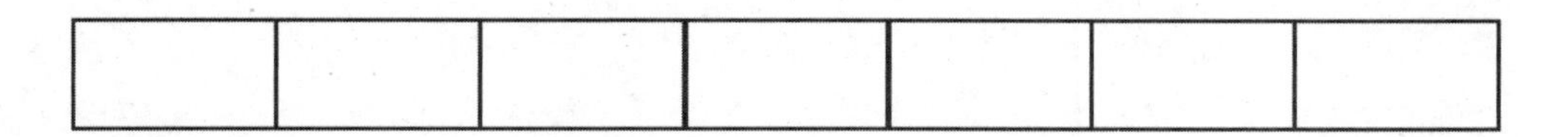

d. Hay _____ partes iguales en total. Se han sombreado _____.

Usa tus tiras de fracción como herramienta para ayudarte a resolver los siguientes problemas.

3. Noah, Pedro y Sharon comparten equitativamente una barra de caramelo entera. ¿Cuál de tus tiras de fracción muestra cómo cada uno de ellos obtiene una parte igual? Dibuja la barra de caramelo a continuación. Después, identifica la fracción de Sharon de la barra de caramelo.

4. Para hacer una cochera para su camión de juguete, Zeno dobla una pieza rectangular de cartón por la mitad. Después vuelve a doblar cada mitad a la mitad. ¿Cuál de tus tiras de fracción se relaciona mejor con esta historia?

   a. ¿Qué fracción del cartón original es cada parte? Dibuja e identifica a continuación la tira de fracción correspondiente.

   b. Zeno dobla otra pieza de cartón en tercios. Después vuelve a doblar cada tercio por la mitad. ¿Cuál de tus tiras de fracción se relaciona mejor con esta historia? Dibuja e identifica a continuación la tira de fracción correspondiente.

Nombre ______________________________ Fecha ____________

1. Encierra en un círculo el modelo que muestra correctamente 1 tercio sombreado.

2.

Hay _____ partes iguales en total. Se han sombreado _____.

3. Miguel hornea una pieza de pan de ajo para la cena y la comparte equitativamente con sus 3 hermanas. Demuestra cómo Miguel y sus 3 hermanas pueden tener una porción igual del pan de ajo cada uno.

Marcos tiene un frasco de leche de 1 litro para compartir con su madre, padre y hermana. Dibuja una imagen para mostrar cómo Marcos debe compartir la leche de manera que todos obtengan la misma cantidad. ¿Qué fracción de leche obtiene cada persona?

Lee Dibuja Escribe

Nombre ______________________________ Fecha ______________

1. Cada figura es un entero dividido en partes iguales. Nombra la unidad fraccionaria y después cuenta y di cuántas de esas unidades están sombreadas. El primer ejercicio ya está resuelto.

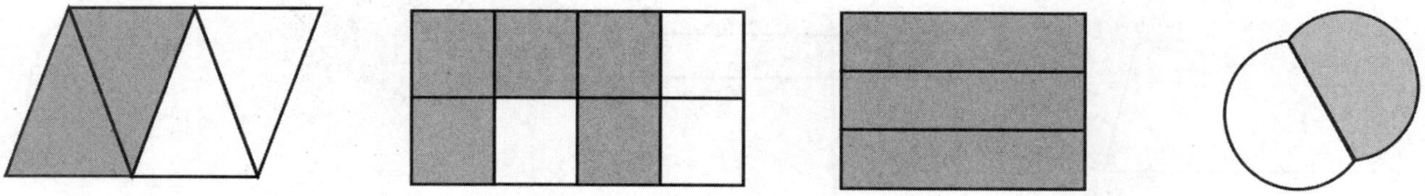

Cuartos	______	______	______
2 cuartos están sombreados.	______	______	______

2. Encierra en un círculo las figuras que están divididas en partes iguales. Escribe un enunciado en el que indiques qué quiere decir *partes iguales*.

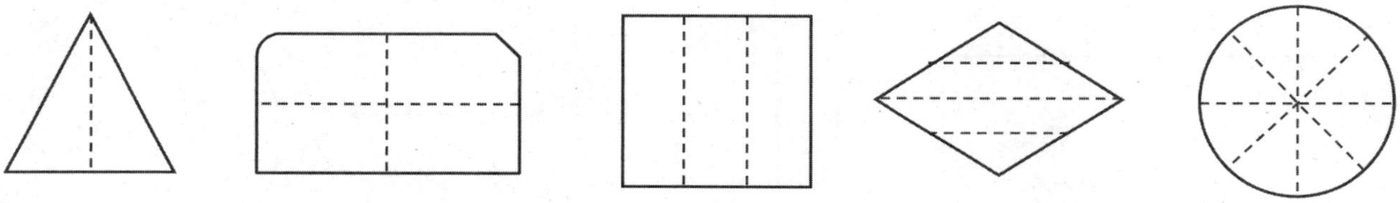

____

____

3. Cada figura es 1 entero. Calcula para dividir cada una en 4 partes iguales. Nombra la unidad fraccionaria abajo.

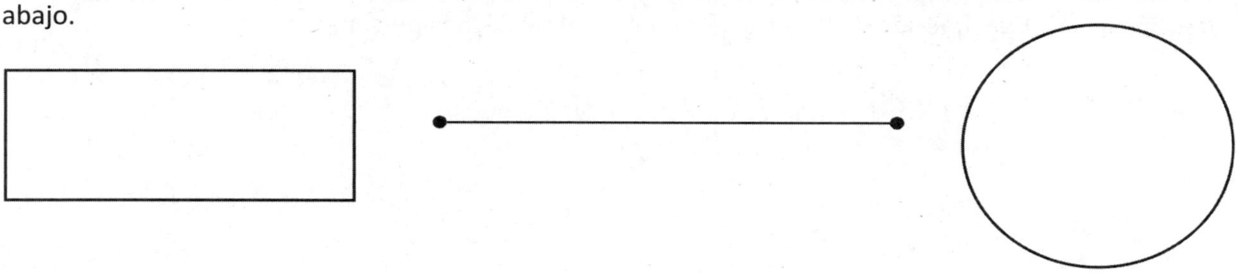

Unidad fraccionaria: ______________

4. Cada figura es 1 entero. Divide y sombrea para mostrar la fracción determinada.

1 medio

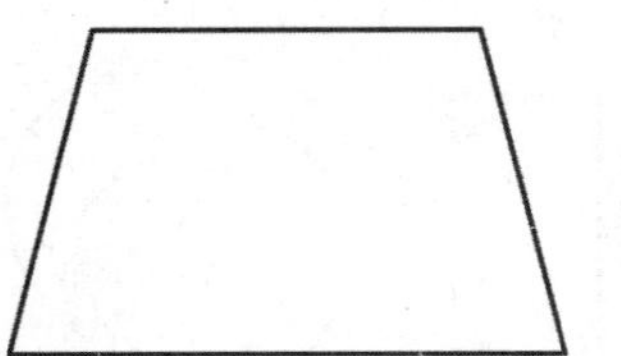

1 sexto

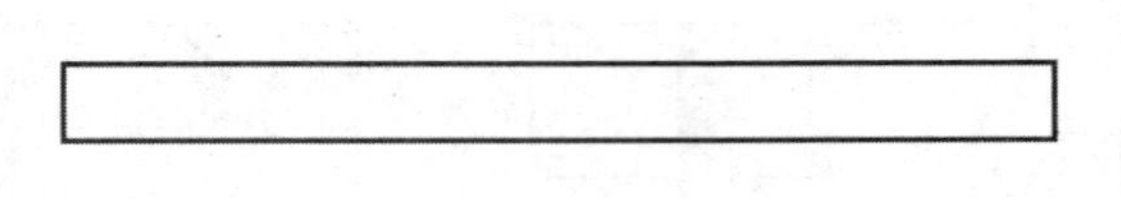

1 tercio

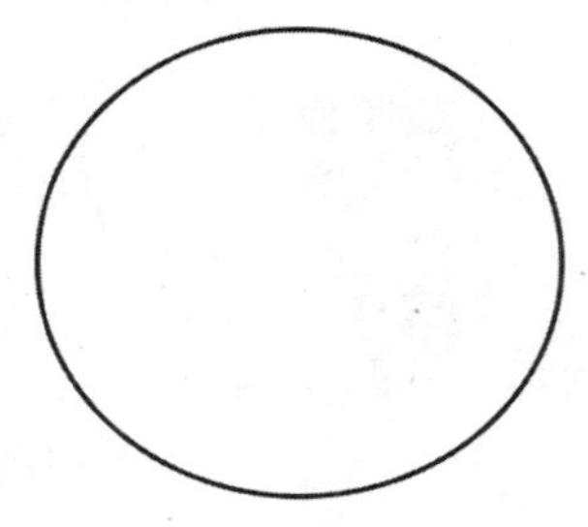

5. Cada figura es 1 entero. Calcula para dividir cada una en partes iguales (no dibujes cuartos). Divide cada entero usando una unidad fraccionaria diferente. Escribe el nombre de la unidad fraccionaria en la línea debajo de la figura.

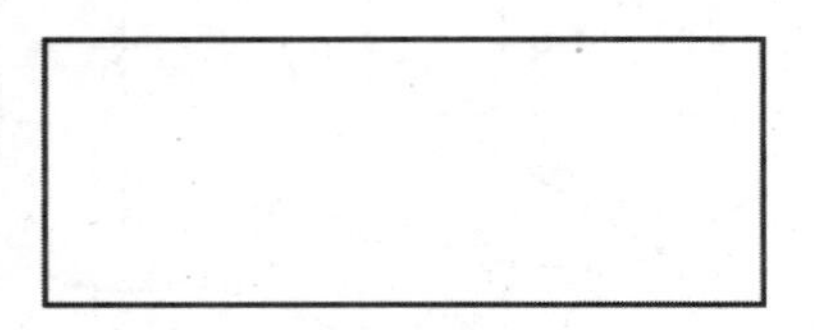

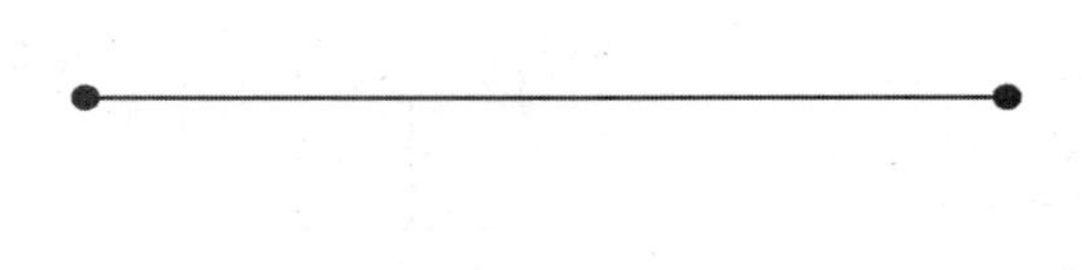

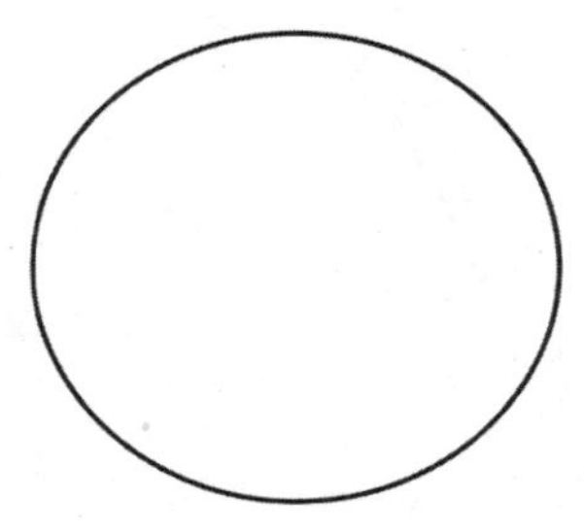

________________ ________________ ________________

6. Charlotte desea dividir equitativamente una barra de caramelo con 4 amigos. Dibuja la barra de caramelo de Charlotte. Dibuja cómo ella puede dividir su barra de caramelo de manera que todos obtengan una fracción igual. ¿Cuál fracción de la barra de caramelo obtiene cada persona?

Cada persona recibe ________________.

Nombre ______________________________ Fecha ______________

1. ____________ séptimos están sombreados.

2. Encierra en un círculo las figuras que están divididas en partes iguales.

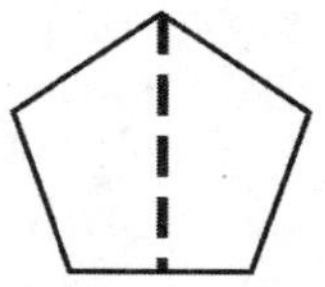
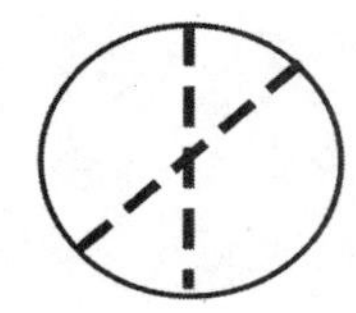
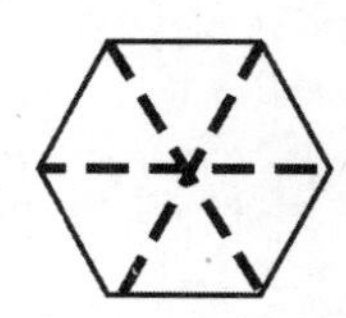

3. Steven quiere dividir su pizza en partes iguales con sus 3 hermanas. ¿Cuál fracción de la pizza reciben él y cada una de sus hermanas?

Él y cada hermana reciben: ____________________.

El Sr. Ramos partió una naranja en 8 porciones iguales. Se comió 1 porción. Dibuja una imagen para representar las 8 porciones de la naranja. Sombrea la porción que se comió el Sr. Ramos. ¿Qué fracción de la naranja se comió el Sr. Ramos? ¿Qué fracción no comió?

____

____

____

____

Lee **Dibuja** **Escribe**

Nombre ______________________________ Fecha ________________

1. Dibuja una imagen de la tira amarilla en 3 (o 4) estaciones diferentes. Sombrea e identifica 1 unidad fraccionaria de cada una.

2. Dibuja una imagen de la barra café en 3 (o 4) estaciones diferentes. Sombrea e identifica 1 unidad fraccionaria de cada una.

3. Dibuja una imagen del cuadrado en 3 (o 4) estaciones diferentes. Sombrea e identifica 1 unidad fraccionaria de cada una.

4. Dibuja una imagen de la plastilina en 3 (o 4) estaciones diferentes. Sombrea e identifica 1 unidad fraccionaria de cada una.

5. Dibuja una imagen del agua en 3 (o 4) estaciones diferentes. Sombrea e identifica 1 unidad fraccionaria de cada una.

6. Extensión: Dibuja una imagen del estambre en 3 (o 4) estaciones diferentes.

Nombre ______________________________ Fecha ________________

Cada figura es 1 entero. Calcula para dividir equitativamente la figura y sombréala para mostrar la fracción determinada.

1. 1 cuarto

2. 1 quinto ______________________________

3. La figura representa 1 entero. Escribe la fracción para la parte sombreada.

La parte sombreada es ____________________.

La Srta. Browne cortó una cuerda de 6 metros en 3 pedazos del mismo tamaño para hacer cuerdas de saltar. El Sr. Ware cortó una cuerda de 5 metros en 3 pedazos iguales para hacer cuerdas de saltar. ¿Qué clase tiene las cuerdas de saltar más largas?

Extensión: ¿qué longitud tienen las cuerdas de saltar en la clase de la Srta. Browne?

Lee **Dibuja** **Escribe**

Nombre ______________________________ Fecha ______________

1. Completa la tabla. Cada imagen es un entero.

	Cantidad total de partes iguales	Cantidad total de partes iguales sombreadas	Forma de unidad	Forma de fracción
a. 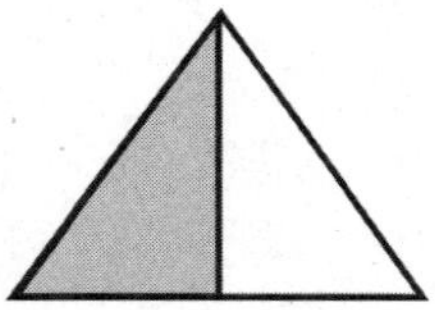				
b. 				
c. 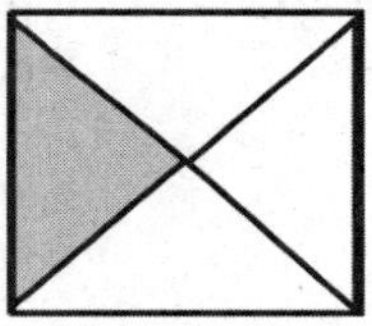				
d. 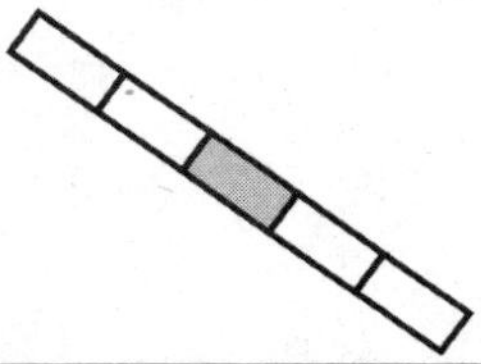				
e. 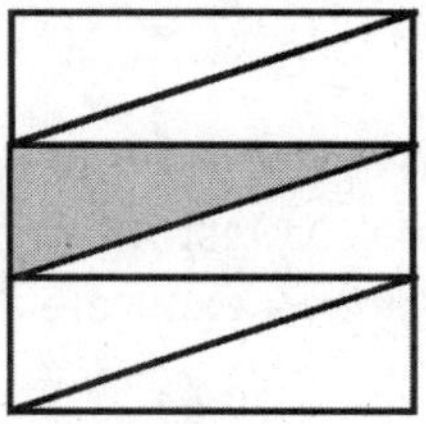				
f. 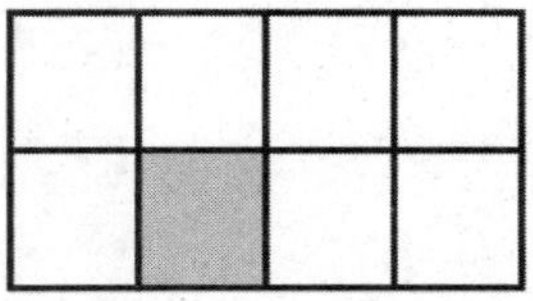				

2. La mamá de André horneó sus 2 pasteles favoritos para su fiesta de cumpleaños. Los pasteles eran del mismo tamaño exactamente. André corta el primer pastel en 8 piezas para él y sus 7 amigos. La imagen de abajo muestra cómo lo cortó. ¿André cortó el pastel en octavos? Explica tu respuesta.

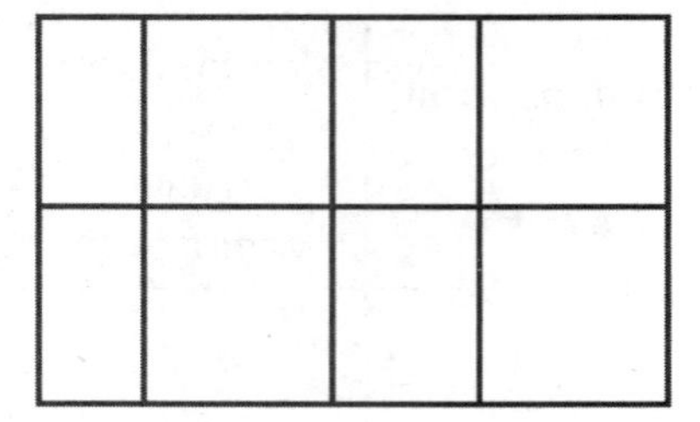

3. Dos de los amigos de André llegaron tarde a la fiesta. Ellos deciden que todos compartirán el segundo pastel. Muestra cómo puede cortar André el segundo pastel de manera que él y sus nueve amigos puedan obtener la misma cantidad sin que sobre nada. ¿Qué fracción del segundo pastel recibirá cada uno?

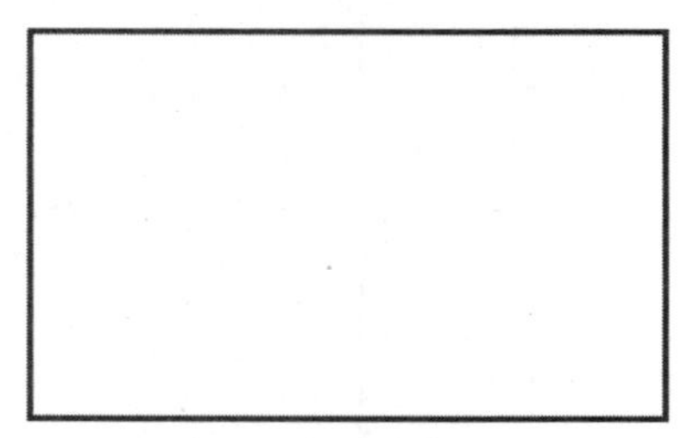

4. André piensa que es extraño que $\frac{1}{10}$ del pastel sea menos que $\frac{1}{8}$ del pastel, pues diez es mayor que ocho. Para explicarle a André, dibuja 2 rectángulos idénticos para representar el pastel. Muestra 1 décimo sombreado en uno y 1 octavo sombreado en el otro. Marca las fracciones unitarias y explícale a él cuál porción es mayor.

Nombre ______________________________ Fecha ______________

1. Completa la tabla.

	Cantidad total de partes iguales	**Cantidad total de partes iguales sombreadas**	**Forma de unidad**	**Forma de fracción**

2. Cada imagen a continuación es 1 entero. Escribe la fracción que está sombreada.

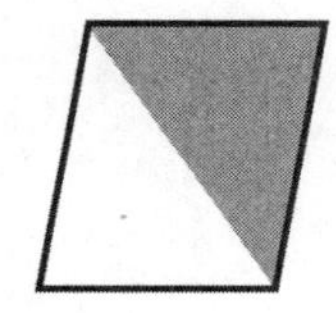

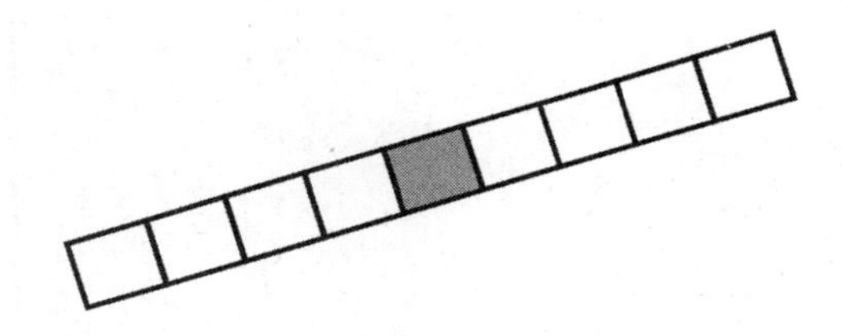

______________ ______________ ______________

3. Dibuja dos rectángulos idénticos. Divide uno en 5 partes iguales. Divide el otro rectángulo en 8 partes iguales. Identifica las fracciones unitarias y sombrea 1 parte igual en cada rectángulo. Usa tus rectángulos para explicar porqué $\frac{1}{5}$ es mayor que $\frac{1}{8}$.

El papá de Chloe divide su jardín en 4 secciones del mismo tamaño para plantar tomates, calabazas, pimientos y pepinos. ¿Qué parte del jardín está disponible para cultivar tomates?

Extensión: Chloe convenció a su papá para que plantara frijoles y también lechugas. El utilizó secciones del mismo tamaño para todos los vegetales. ¿Qué fracción tienen ahora los tomates?

Lee **Dibuja** **Escribe**

Nombre ______________________________ Fecha ______________

1. Completa el enunciado numérico. Calcula para dividir cada tira en partes iguales, escribe la fracción unitaria dentro de cada unidad y sombrea la respuesta.

   Muestra:

   2 tercios = $\frac{2}{3}$

$\frac{1}{3}$	$\frac{1}{3}$	$\frac{1}{3}$

   a. 3 cuartos =

   b. 3 séptimos =

   c. 4 quintos =

   d. 2 sextos =

2. El Sr. Stevens compró 8 litros de refresco para una fiesta. Sus invitados tomaron 1 litro.

   a. ¿Qué fracción de los refrescos tomaron sus invitados?

   b. ¿Qué fracción de los refrescos sobró?

3. Completa la tabla.

	Cantidad total de partes iguales	Cantidad total de partes iguales sombreadas	Fracción unitaria	Fracción sombreada
Muestra: 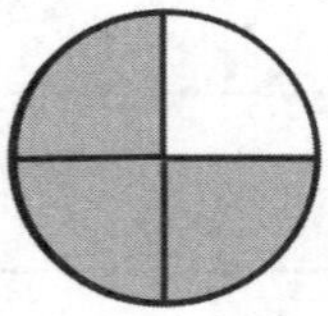	4	3	$\frac{1}{4}$	$\frac{3}{4}$
a. 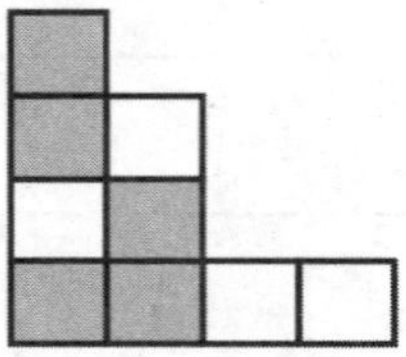				
b. 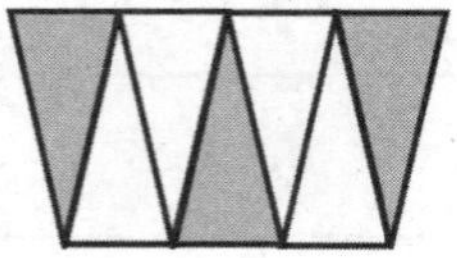				
c. 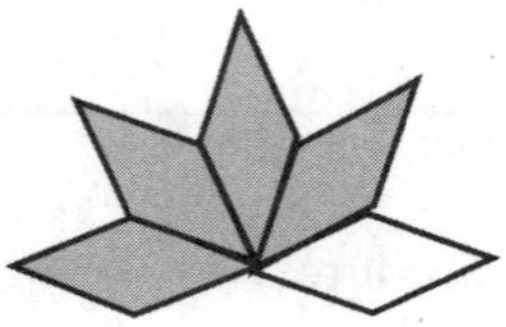				
d. 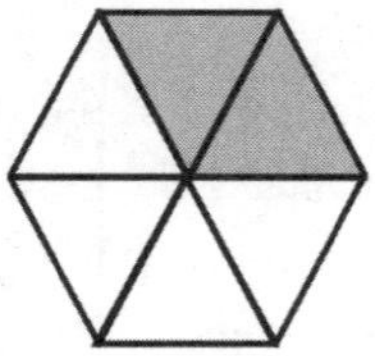				
e. 				

Nombre ______________________________ Fecha ______________

1. Completa el enunciado numérico. Calcula para dividir la tira equitativamente. Escribe la fracción unitaria dentro de cada unidad. Sombrea la respuesta.

   2 quintos =

2.

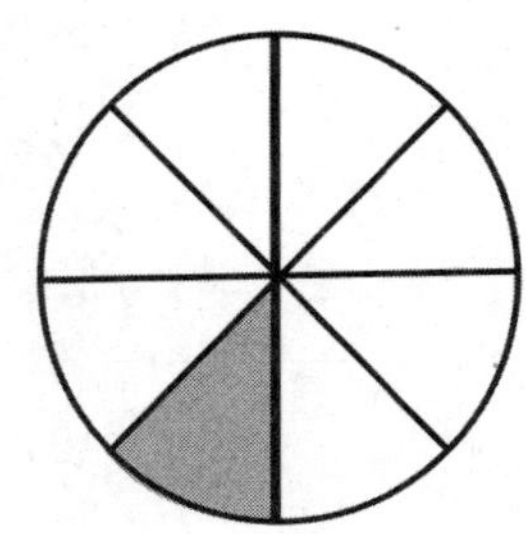

   a. ¿Cuál fracción del círculo está sombreada?

   b. ¿Cuál fracción del círculo no está sombreada?

3. Completa la tabla.

	Cantidad total de partes iguales	Cantidad total de partes iguales sombreadas	Fracción unitaria	Fracción sombreada

Roberto se comió la mitad de la salsa de manzana de un recipiente. Dividió el sobrante de la salsa de manzana equitativamente en 2 tazones para su mamá y su hermana. Roberto dijo: "Me comí la mitad y cada una puede comer 1 mitad". ¿Roberto está en lo correcto? Dibuja una imagen para demostrar tu respuesta.

Extensión:

1. ¿Qué fracción de la salsa de manzana obtuvo su mamá?

Lee **Dibuja** **Escribe**

2. ¿Qué fracción de la salsa comió la hermana de Roberto?

Lee **Dibuja** **Escribe**

Nombre ______________________________ Fecha ______________

Susurra la fracción de la figura que está sombreada. Después, relaciona la figura con la cantidad que no está sombreada.

1.

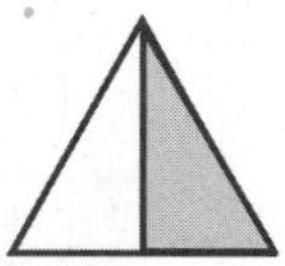

2.

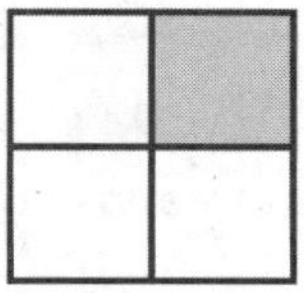

3.

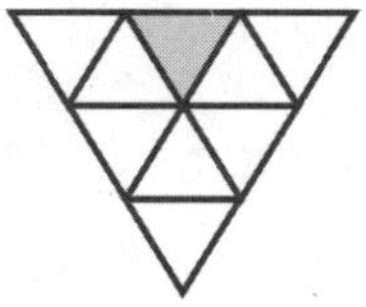

4.

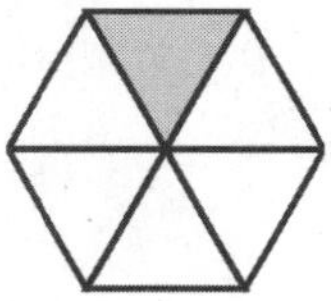

5.

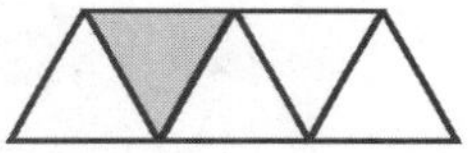

6.

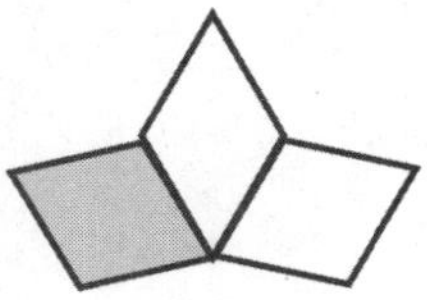

7.

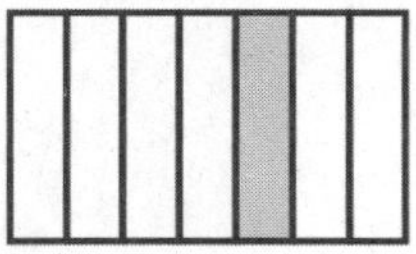

8.

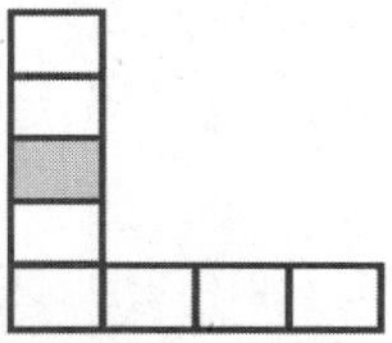

- 2 tercios
- 6 séptimos
- 4 quintos
- 8 novenos
- 1 medio
- 5 sextos
- 7 octavos
- 3 cuartos

9. a. ¿Cuántos octavos hay en 1 entero? _____________

   b. ¿Cuántos novenos hay en 1 entero? _____________

   c. ¿Cuántos doceavos hay en 1 entero? _____________

10. Cada tira representa 1 entero. Escribe una fracción para identificar las partes sombreadas y no sombreadas.

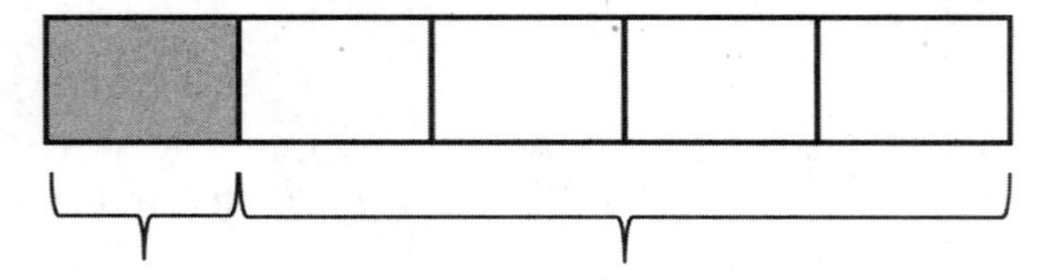

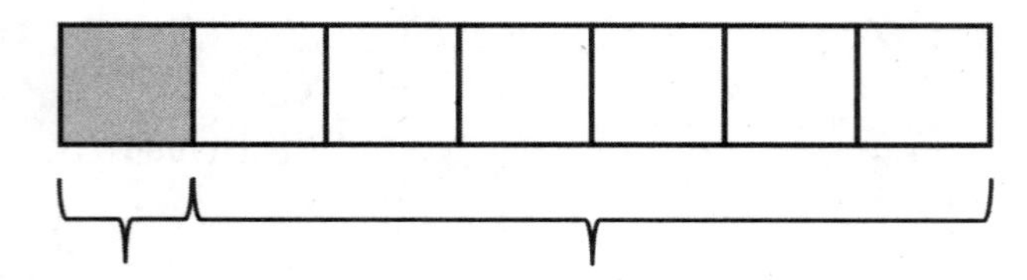

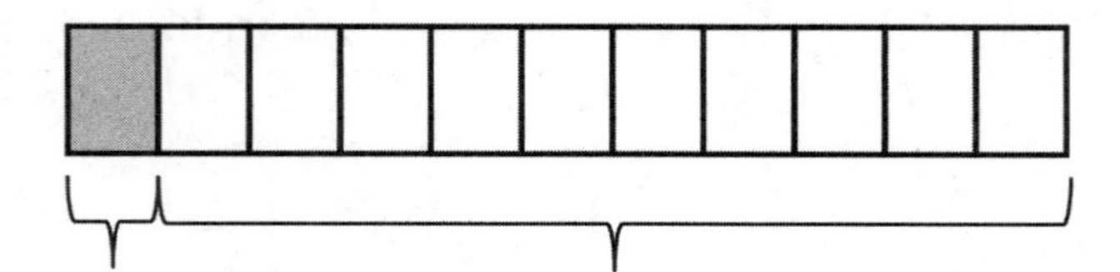

11. Avanti leyó 1 sexto de su libro. ¿Qué fracción de su libro no ha leído aún?

Nombre ______________________________ Fecha ______________

1. Escribe la fracción que no está sombreada

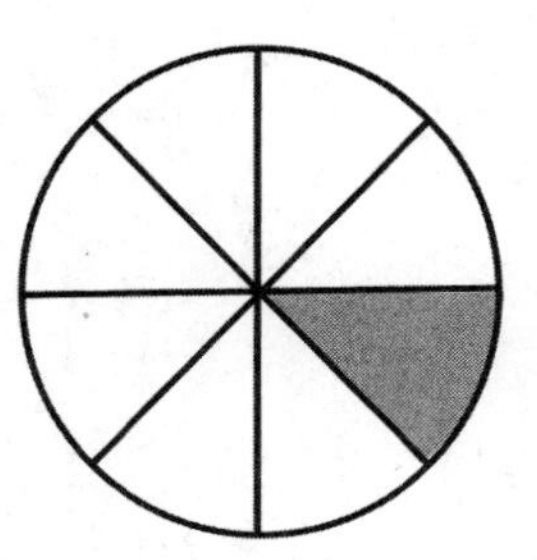

2. Hay ________ sextos en 1 entero.

3. La tira de fracción es 1 entero. Escribe fracciones para identificar las partes sombreadas y no sombreadas.

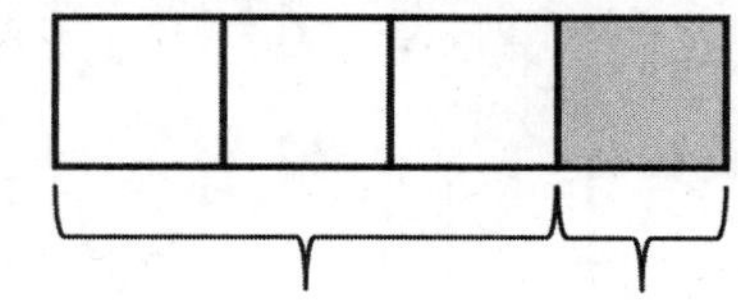

4. Justin poda parte de su césped. Después a su cortadora de césped se le gasta la gasolina. Él no ha podado $\frac{9}{10}$ del césped. ¿Cuál parte de su césped se podó?

Para el desayuno, el Sr. Schwartz gastó 1 sexto de su dinero en un café y 1 sexto de su dinero en una rosca. ¿Qué fracción de dinero gastó el Sr. Schwartz en el desayuno?

Lee **Dibuja** **Escribe**

Nombre ______________________________ Fecha ______________

Muestra un vínculo numérico que represente lo que está sombreado y lo que no está sombreado en cada una de las figuras. Dibuja una representación visual diferente que se podría representar con el mismo vínculo numérico.

Muestra:

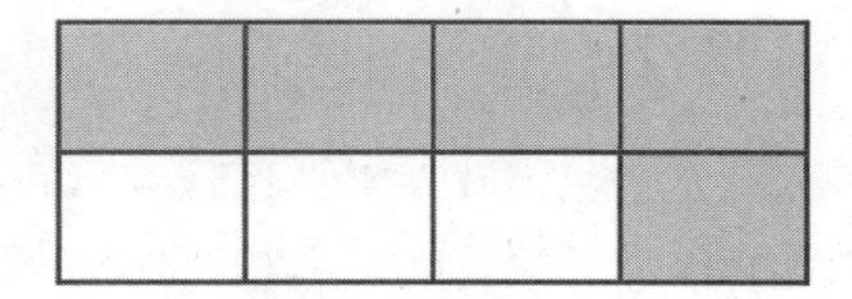

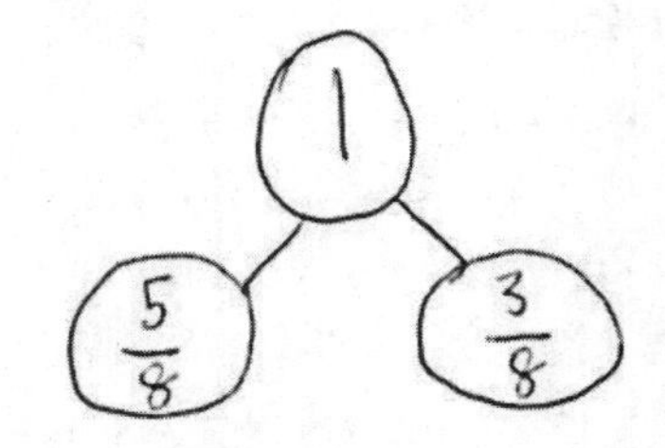

1.

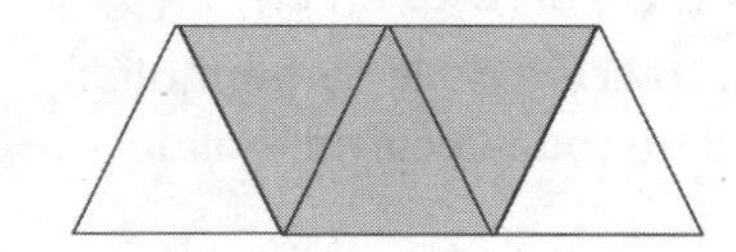

2.

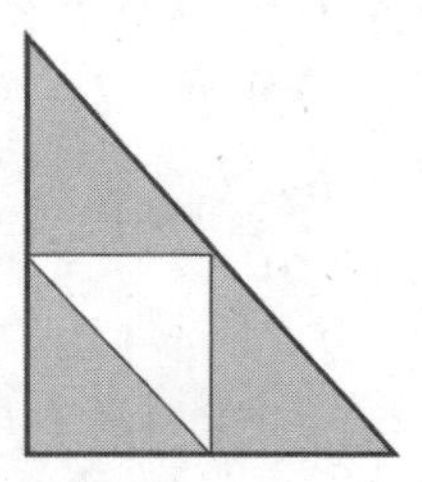

3.

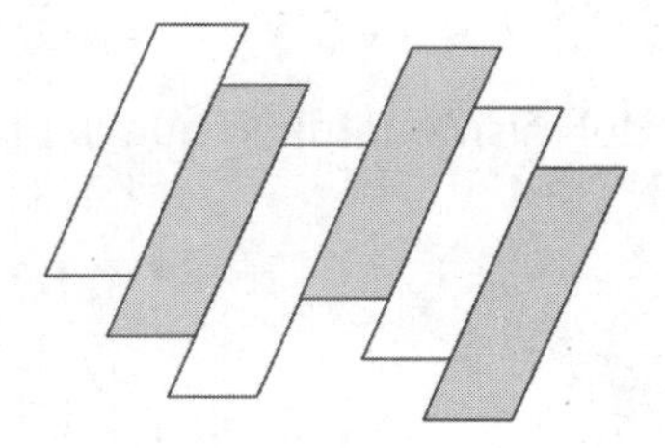

4.

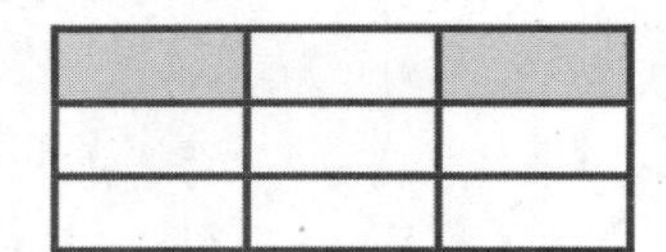

5. Dibuja un vínculo numérico con 2 partes donde se muestren las fracciones sombreadas y no sombreadas de cada figura. Descompón ambas partes del vínculo numérico en fracciones unitarias.

a. 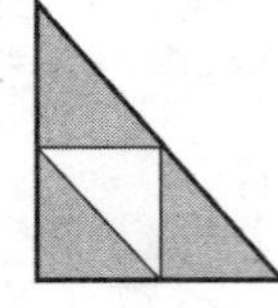

b. 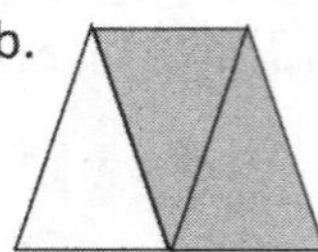

c. 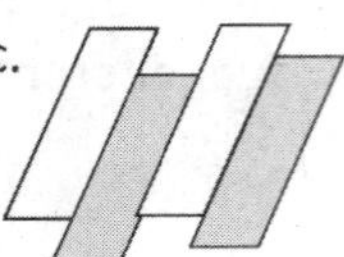

d. 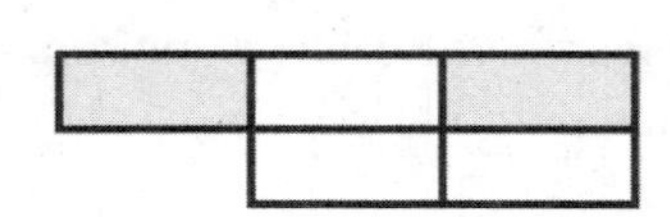

6. El chef puso $\frac{1}{4}$ de carne molida en la parrilla para hacer una hamburguesa y puso el resto en el refrigerador. Dibuja un vínculo numérico de 2 partes en el que se muestre la fracción de la carne molida en la parrilla y la fracción en el refrigerador. Dibuja una representación visual de toda la carne molida. Sombrea lo que está en el refrigerador.

a. ¿Qué fracción de la carne molida estaba en el refrigerador?

b. ¿Cuántas hamburguesas más puede hacer el chef si las hace todas del mismo tamaño que la primera?

c. Muestra la carne molida refrigerada dividida en fracciones unitarias en tu vínculo numérico de arriba.

Nombre ______________________________ Fecha ________________

1. Dibuja un vínculo numérico que muestre las partes sombreadas y las partes no sombreadas de la siguiente figura. Después, muestra cada parte descompuesta en fracciones unitarias.

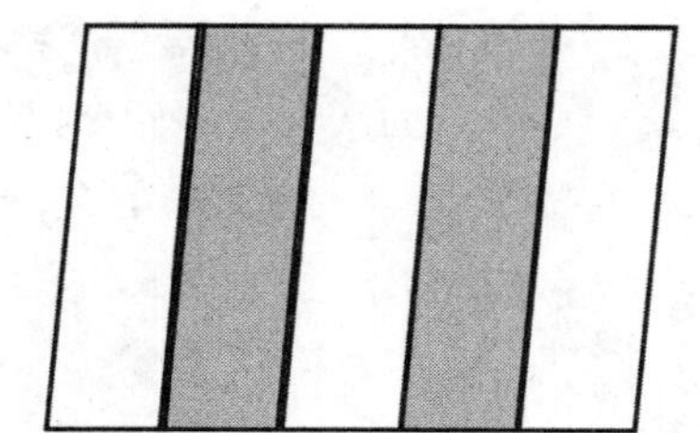

2. Completa el vínculo numérico. Dibuja una figura con partes sombreadas y no sombreadas que concida con el vínculo numérico completado.

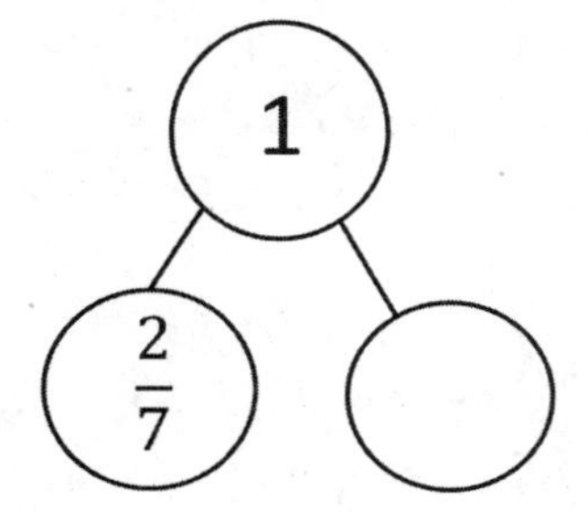

El brazalete de amistad de Julianne tenía 8 cuentas. Cuando se rompió, las cuentas se cayeron. Ella pudo encontrar solo 1 cuenta. ¿Qué fracción de cuentas debe comprar para arreglar su brazalete?

Lee **Dibuja** **Escribe**

Nombre ______________________________ Fecha ______________

1. Cada figura representa 1 entero. Completa la tabla.

	Fracción unitaria	Cantidad total de unidades sombreadas	Fracción sombreada
a. Muestra: 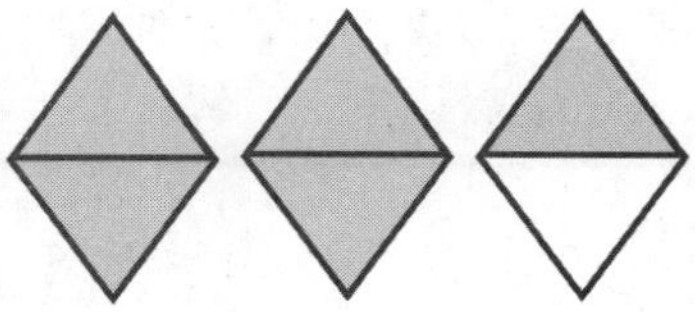	$\frac{1}{2}$	5	$\frac{5}{2}$
b. 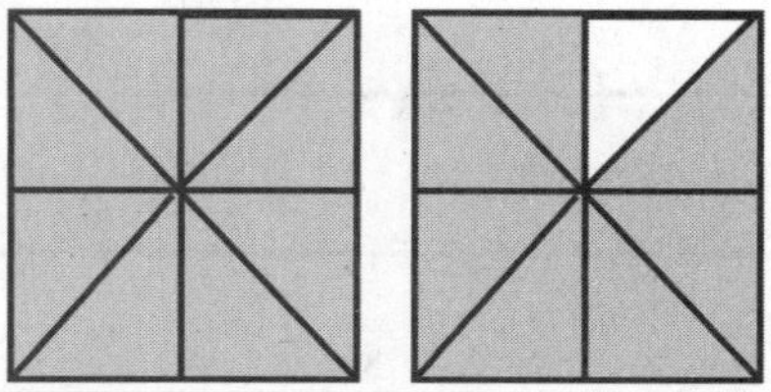			
c. 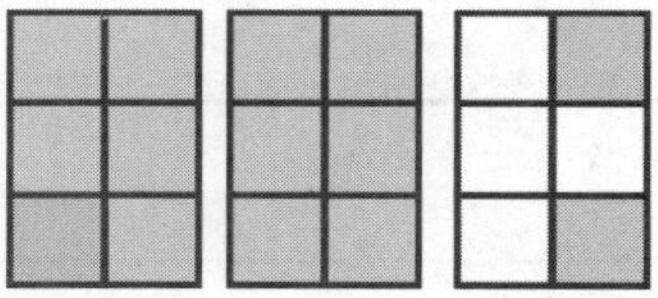			
d. 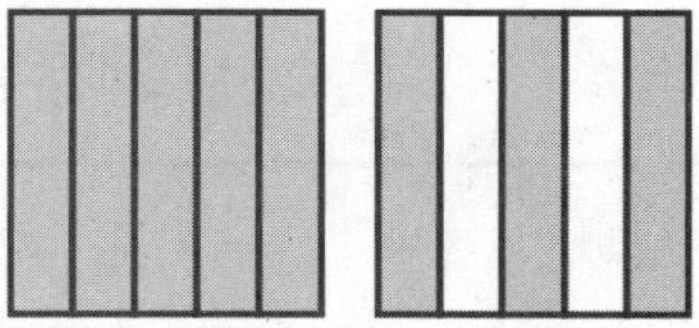			
e. 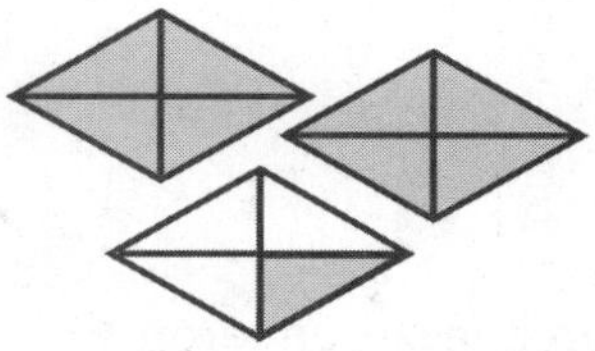			
f. 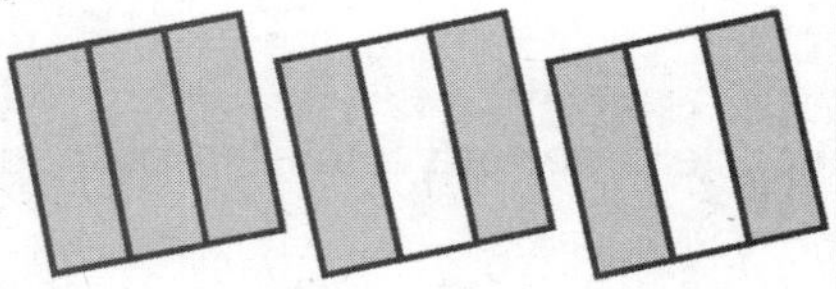			

2. Calcula y dibuja unidades en las tiras de fracción. Resuelve.
   Muestra:

   5 tercios = $\frac{5}{3}$

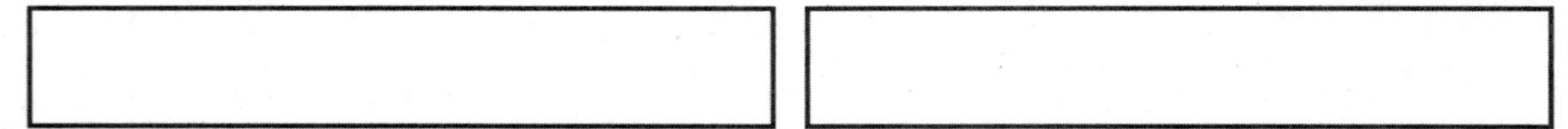

   a. 8 sextos =

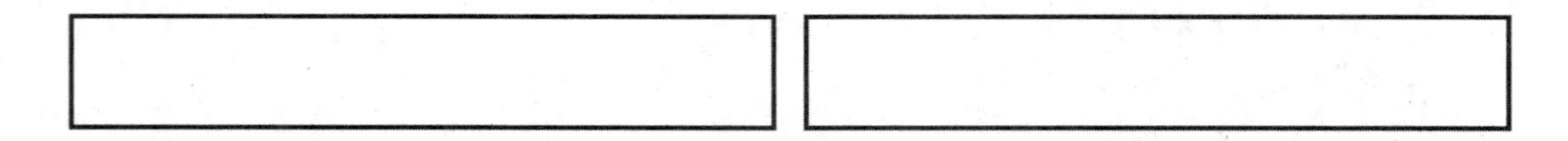

   b. 7 cuartos =

   c. ______________________________ = $\frac{6}{5}$

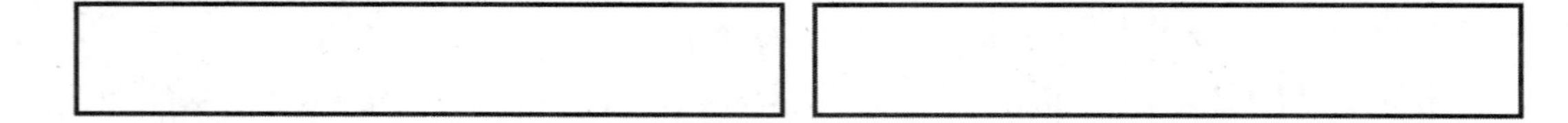

   d. ______________________________ = $\frac{5}{2}$

3. La Sra. Jawlik horneó 2 bandejas de bizcochos de chocolate. Dibuja las bandejas y calcula cómo dividir cada bandeja en 8 piezas iguales.

   a. Los hijos de la Sra. Jawlik se comieron 10 piezas. Sombrea la cantidad que se comieron.

   b. Escribe una fracción para mostrar cuántas bandejas de bizcochos de chocolate comieron sus hijos.

Nombre ____________________ Fecha ____________

1. Cada figura representa 1 entero. Completa la tabla.

	Fracción unitaria	Cantidad total de unidades sombreadas	Fracción sombreada

2. Calcula y dibuja unidades en las tiras de fracción. Resuelve.

a. 4 tercios =

b. ____________________ $= \frac{10}{4}$

Sarah hizo sopa y dividió cada lote en tercios iguales para regalar. Cada familia a la que le hace sopa, obtiene 1 tercio del lote. Sarah necesita hacer suficiente sopa para 5 familias. ¿Cuánta sopa regala Sarah? Escribe tu respuesta en términos de lotes.

Extensión: ¿Qué fracción quedará para Sarah?

Lee **Dibuja** **Escribe**

Nombre ______________________________ Fecha ________________

1. Cada tira de fracción es 1 entero. Todas las tiras de fracción son del mismo largo. Colorea 1 unidad fraccionaria en cada tira y luego responde las siguientes preguntas.

$\frac{1}{2}$

$\frac{1}{4}$

$\frac{1}{8}$

$\frac{1}{3}$

$\frac{1}{6}$

2. Encierra en un círculo *menor que* o *mayor que*. Susurra el enunciado completo.

a. $\frac{1}{2}$ es menor que / mayor que $\frac{1}{4}$

b. $\frac{1}{6}$ es menor que / mayor que $\frac{1}{2}$

c. $\frac{1}{3}$ es menor que / mayor que $\frac{1}{2}$

d. $\frac{1}{3}$ es menor que / mayor que $\frac{1}{6}$

e. $\frac{1}{8}$ es menor que / mayor que $\frac{1}{6}$

f. $\frac{1}{8}$ es menor que / mayor que $\frac{1}{4}$

g. $\frac{1}{2}$ es menor que / mayor que $\frac{1}{8}$

h. 6 octavos es menor que / menor que 2 mitades

3. Lily necesita $\frac{1}{3}$ tazas de aceite $\frac{1}{4}$ tazas de agua para hacer panqués. ¿Lily usará más aceite o más agua? Justifica tu respuesta usando imágenes, números y palabras.

4. Usa >, < o = para comparar.

a. 1 tercio ◯ 1 quinto

b. 1 séptimo ◯ 1 cuarto

c. 1 sexto ◯ $\frac{1}{6}$

d. 1 décimo ◯ $\frac{1}{12}$

e. $\frac{1}{16}$ ◯ 1 onceavo

f. 1 entero ◯ 2 mitades

Extensión:

g. $\frac{1}{8}$ ◯ 1 octavo ◯ $\frac{1}{6}$ ◯ $\frac{1}{3}$ ◯ 2 mitades ◯ 1 entero

5. Tu amigo Eric dice que $\frac{1}{6}$ es mayor que $\frac{1}{5}$ porque 6 es mayor que 5. ¿Tiene razón Eric? Usa palabras e imágenes para explicar lo que le sucede al tamaño de una fracción unitaria cuando aumenta la cantidad de partes.

Nombre ______________________________ Fecha ______________

1. Cada tira de fracción es 1 entero. Todas las tiras de fracción son del mismo largo. Colorea 1 unidad fraccionaria en cada tira. Después, encierra en un círculo la fracción mayor y dibuja una estrella a la derecha de la fracción más pequeña.

$\frac{1}{4}$

$\frac{1}{3}$

$\frac{1}{2}$

2. Usa >, < o = para comparar.

a. 1 octavo ◯ 1 décimo

b. 1 entero  5 quintos

c. $\frac{1}{7}$ 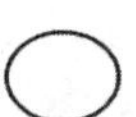 $\frac{1}{6}$

Raquel, Silvia y Lola recibieron cada una la misma tarea pero solo completaron una parte. Raquel completó $\frac{1}{6}$ de su tarea, Silvia completó $\frac{1}{2}$ de su tarea y Lola completó $\frac{1}{4}$ de su tarea. Escribe la cantidad de tarea que completó cada chica de menor a mayor. Dibuja una imagen para demostrar tu respuesta.

____

____

____

____

Lee **Dibuja** **Escribe**

Nombre ______________________ Fecha ____________

Identifica la fracción unitaria. En cada espacio en blanco, dibuja e identifica el mismo entero con una fracción unitaria sombreada que haga verdadero el enunciado. Hay más de 1 forma correcta para hacer que el enunciado sea verdadero.

Muestra: $\frac{1}{4}$	es menor que	$\frac{1}{2}$
1.	es mayor que	
2.	es menor que	
3.	es mayor que	
4.	es menor que	

5.	es mayor que	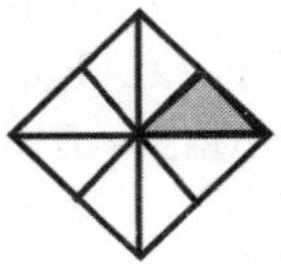
6.	es menor que	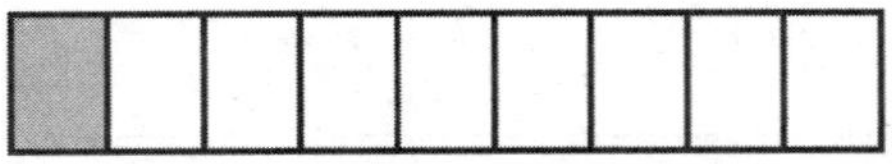
7.	es mayor que	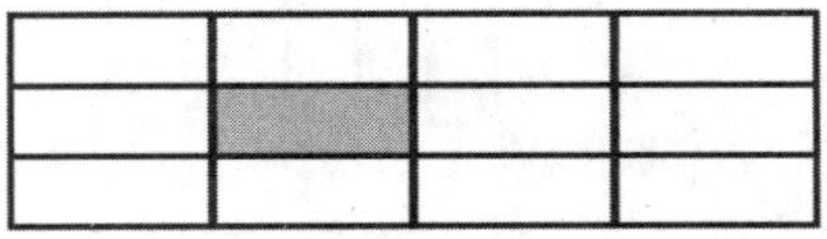

8. Llena el espacio en blanco con una fracción para hacer el enunciado verdadero y dibuja un modelo que le corresponda.

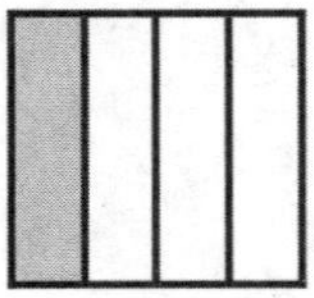		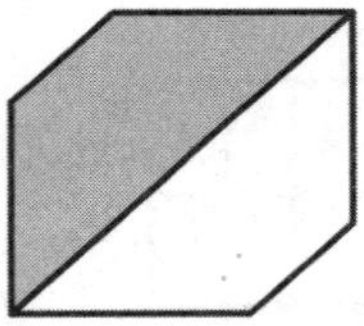	
$\frac{1}{4}$ es menor que ☐		$\frac{1}{2}$ es mayor que ☐	

9. Roberto comió $\frac{1}{2}$ de una pizza pequeña. Elizabeth comió $\frac{1}{4}$ de una pizza grande. Elizabeth dice: "Mi porción es mayor que la tuya, lo que quiere decir que $\frac{1}{4} > \frac{1}{2}$". ¿Tiene Elizabeth la razón? Explica tu respuesta.

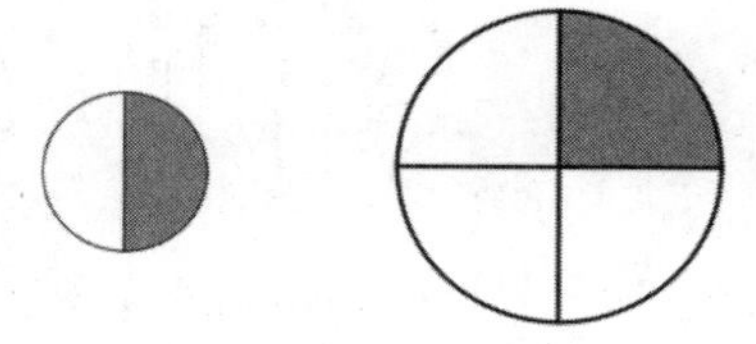

10. Manny y Daniel se comieron cada uno $\frac{1}{2}$ de su caramelo como se muestra a continuación. Manny dice que él comió más del caramelo que Daniel porque su mitad es más larga. ¿Tiene razón? Explica tu respuesta.

Barra de caramelo de Manny

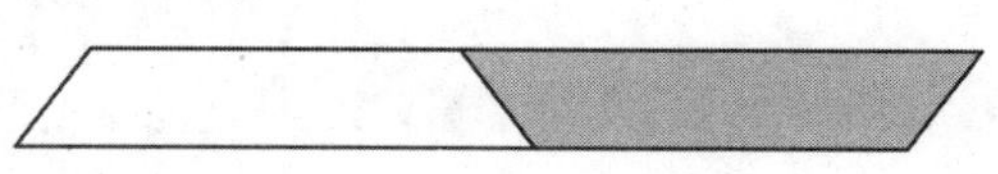

Barra de caramelo de Daniel

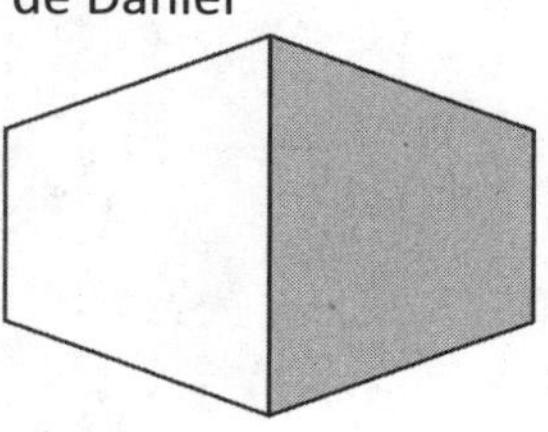

Nombre ______________________________   Fecha ______________

1. Llena el espacio en blanco con una fracción para hacer el enunciado verdadero. Dibuja un modelo que le corresponda.

$\frac{1}{7}$ es menor que ☐		$\frac{1}{4}$ es mayor que ☐	

2. Tatiana se comió $\frac{1}{2}$ de una zanahoria pequeña. Luis se comió $\frac{1}{4}$ de una zanahoria grande. ¿Quién comió más? Usa palabras e imágenes para explicar tu respuesta.

Jennifer escondió la mitad del dinero que recibió en su cumpleaños en el cajón de la cómoda y puso la otra mitad en su joyero. Si ella escondió $8 en la gaveta, ¿cuánto dinero obtuvo para su cumpleaños?

Lee **Dibuja** **Escribe**

Nombre ______________________________ Fecha ______________

Para cada uno de los siguientes:

- Dibuja una imagen de la fracción unitaria designada copiada para hacer al menos dos enteros diferentes.
- Identifica las fracciones unitarias.
- Identifica el entero como 1.
- Dibuja al menos un vínculo numérico que coincida con un dibujo.

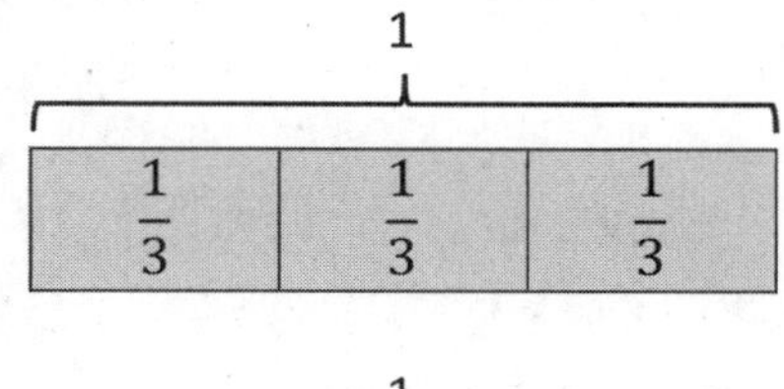

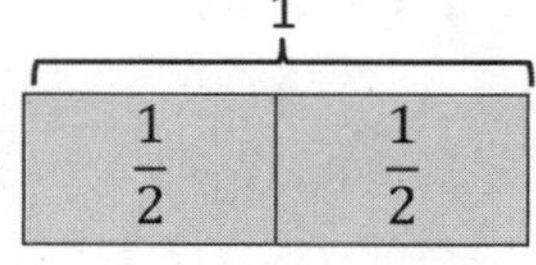

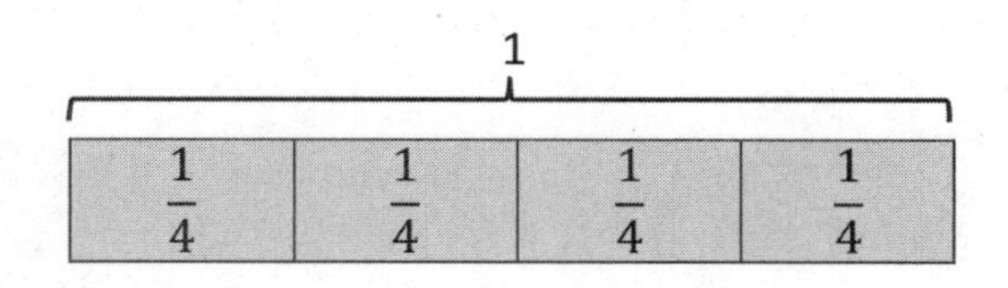

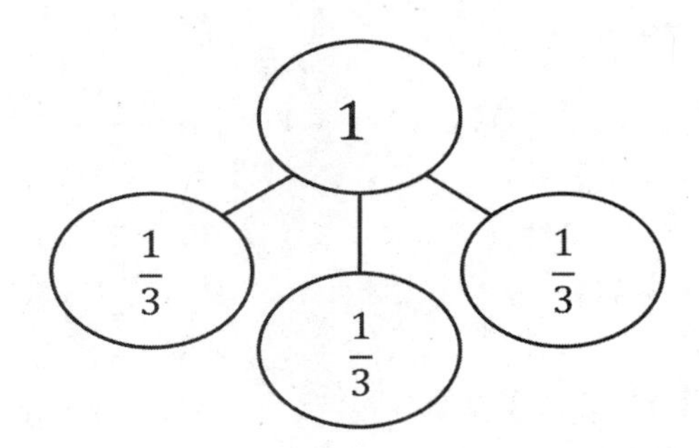

1. Tira amarilla

2. Tira café

3. Cuadrado naranja

4. Estambre

5. Agua

6. Plastilina

Nombre ______________________________   Fecha ______________

Cada figura representa la fracción unitaria. Dibuja una imagen para representar un posible entero.

1. $\frac{1}{7}$

2. $\frac{1}{9}$

3. Aileen y Jack utilizaron el mismo triángulo que representa la fracción unitaria $\frac{1}{4}$ para crear 1 entero. ¿Quién lo hizo correctamente? Explica tu respuesta.

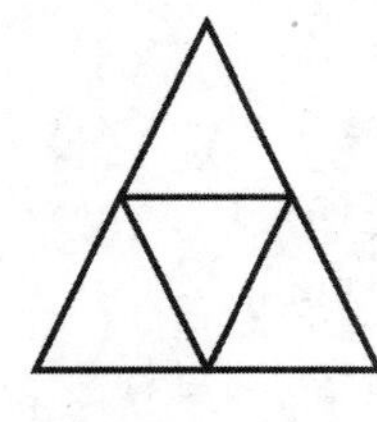

Dibujo de Aileen

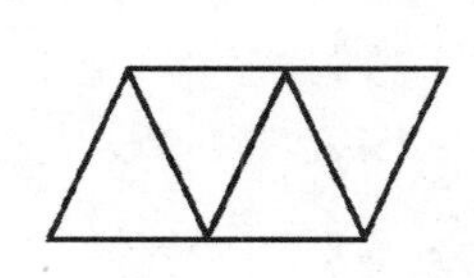

Dibujo de Jack

Davis quiere hacer una imagen usando 9 losas cuadradas. ¿Qué fracción de las imágenes representa 1 losa? Dibuja 3 formas diferentes en las que Davis podría hacer su imagen.

Lee **Dibuja** **Escribe**

Nombre ____________________ Fecha ____________

La figura representa 1 entero. Escribe una fracción unitaria para describir la parte sombreada.	La parte sombreada representa 1 entero. Divide 1 entero para mostrar la misma fracción unitaria que escribiste en la Parte (a).
1. a. 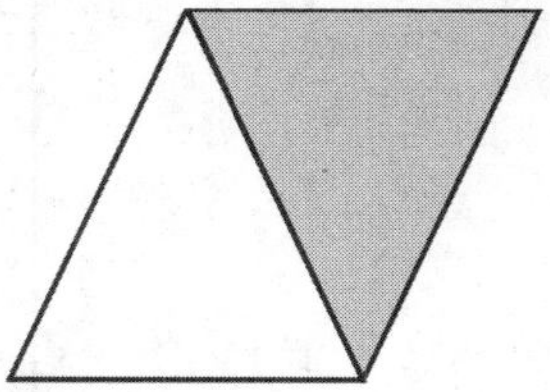	b. 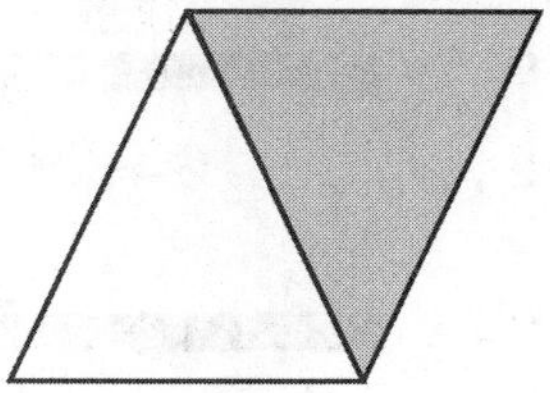
2. a. 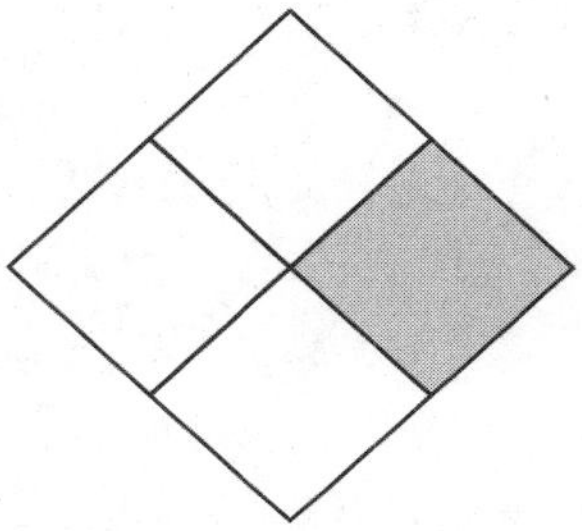	b. 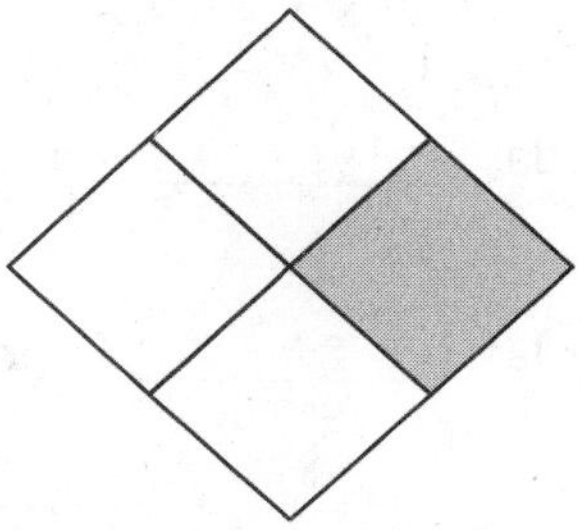
3. a. 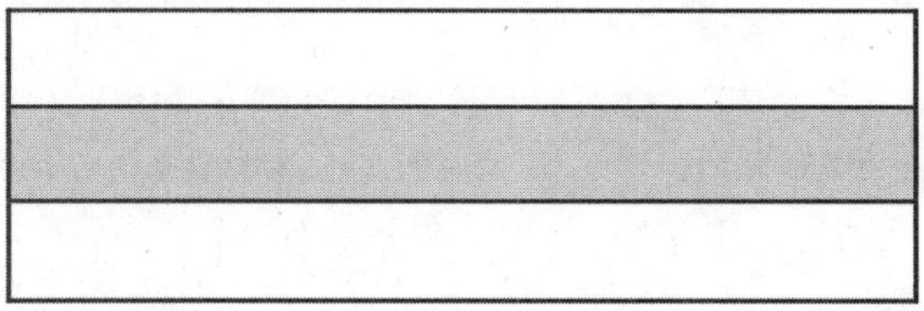	b. 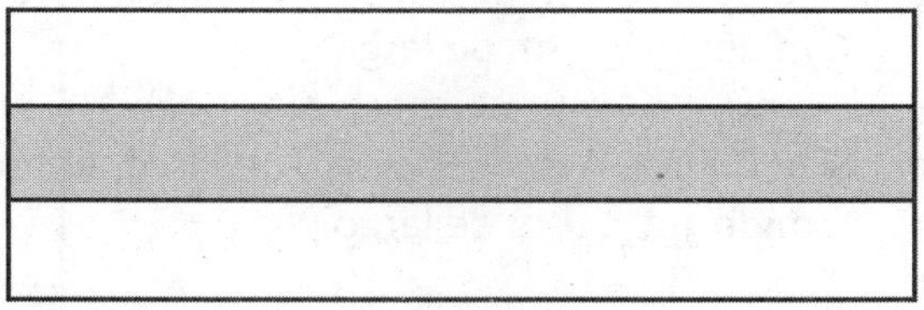
4. a.	b.
5. a. 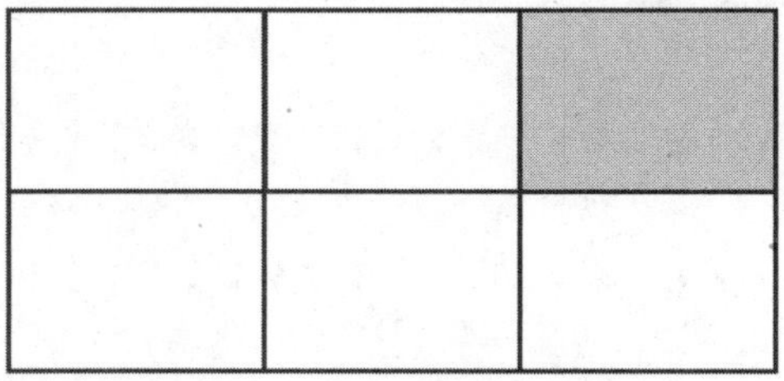	b. 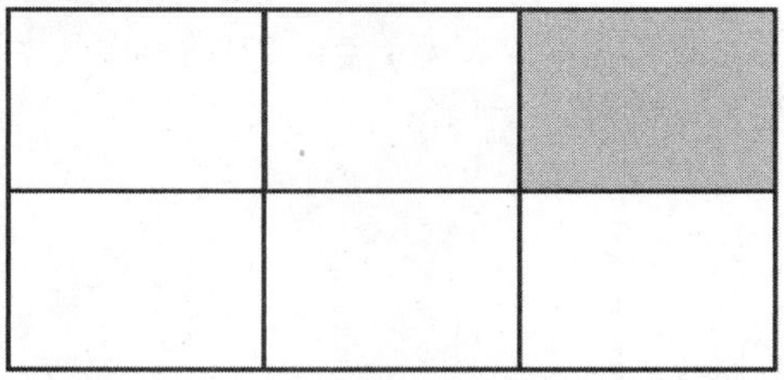

6. Usa el siguiente diagrama para completar los siguientes enunciados.

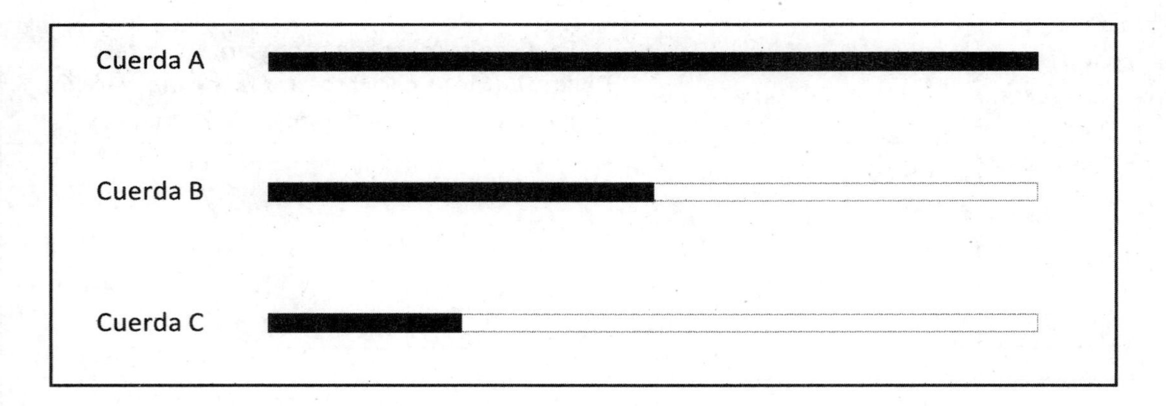

a. La Cuerda ______________ mide $\frac{1}{2}$ del largo de la Cuerda B.

b. La Cuerda ______________ mide $\frac{1}{2}$ del largo de la Cuerda A.

c. La Cuerda C mide $\frac{1}{4}$ del largo de la Cuerda ______________.

d. Si la Cuerda B mide 1 metro de largo, entonces la Cuerda A mide ______ metros de largo y la Cuerda C mide ______ m de largo.

e. Si la Cuerda A mide 1 metro de largo, entonces la Cuerda B mide ______ metros de largo y la Cuerda C mide ______ m de largo.

7. La Srta. Fan dibujó la figura de abajo en la pizarra. Ella le pidió a la clase que nombraran la fracción sombreada. Carlos respondió $\frac{3}{4}$. Janice respondió $\frac{3}{2}$. Jenna cree que ambos tienen la razón. ¿Con quién estas de acuerdo? Explica tu razonamiento.

Nombre ______________________________ Fecha ______________

La Srta. Silverstein le pidió a la clase que dibujara un modelo en el que se mostrara $\frac{2}{3}$ sombreado. Karol y Deb dibujaron los siguientes modelos. ¿Cuál modelo es el correcto? Explica cómo lo sabes.

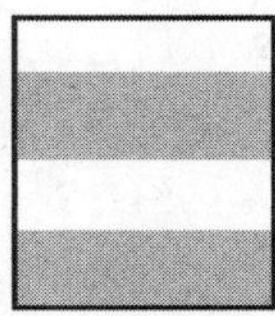

Diagrama de Karol

Diagrama de Deb

El Sr. Ray está tejiendo una bufanda. Dice que ha completado 1 quinto del largo total de la bufanda. Dibuja una imagen de la bufanda terminada. Identifica lo que ya ha terminado y lo que aún le falta por hacer. Dibuja un vínculo numérico con 2 partes para mostrar la fracción que ha hecho y la fracción que queda por hacer.

Lee Dibuja Escribe

Nombre ______________________________________ Fecha ____________________

1. Dibuja un vínculo numérico para cada unidad fraccionaria. Divide la tira de fracción para mostrar las fracciones unitarias del vínculo numérico. Usa la tira de fracciones para que puedas marcar las fracciones en la recta numérica. Asegúrate de marcar las fracciones en 0 y 1.

   a. Medios

   b. Tercios

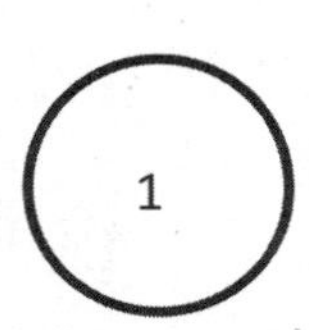

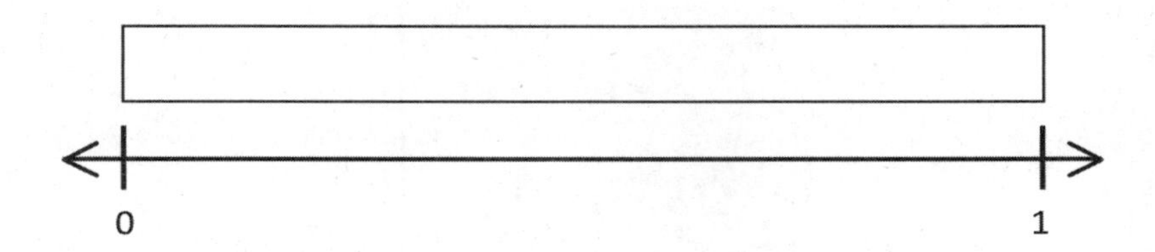

   c. Cuartos

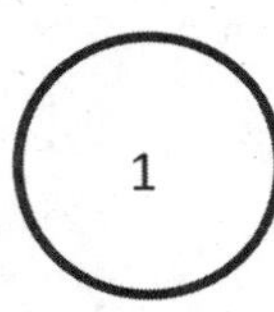

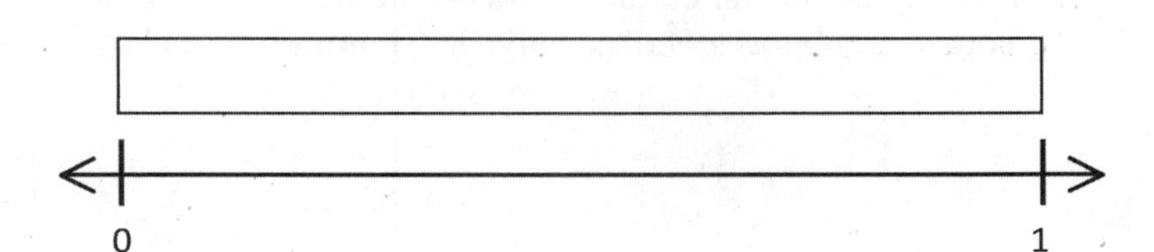

   d. Quintos

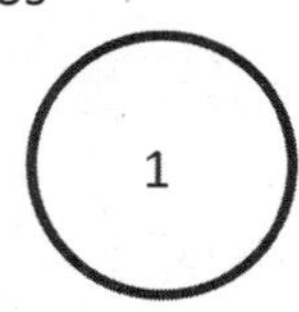

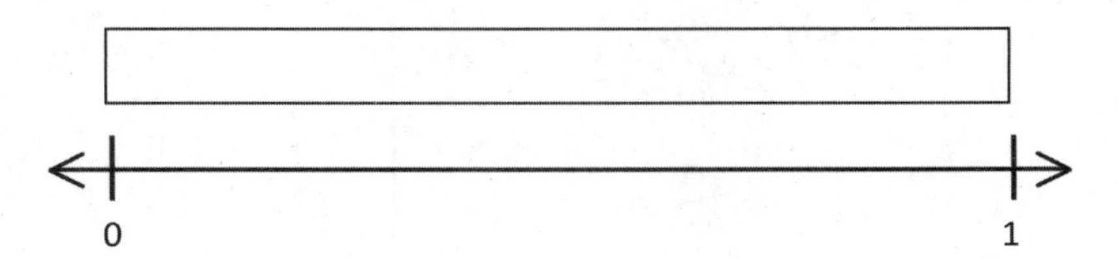

2. Trevor debe dejar salir a su mascota cada cuarto (1 cuarto) de hora para enseñarle a ir al baño. Dibuja e identifica una recta numérica de 0 horas a 1 hora para mostrar cada 1 cuarto de hora. Incluye 0 cuartos y 4 cuartos de hora. Identifica también 0 horas y 1 hora.

3. Un listón mide 1 metro de largo. La Sra. Lee quiere coser una cuenta cada $\frac{1}{5}$ metros. La primera cuenta está a $\frac{1}{5}$ metros. La última cuenta está a 1 metro. Dibuja e identifica una recta numérica de 0 metros a 1 metro para mostrar dónde coserá las cuentas la Sra. Lee. Identifica todas las fracciones incluyendo 0 quintos y 5 quintos. Identifica también 0 metros y 1 metro.

Nombre ______________________________ Fecha ________________

1. Dibuja un vínculo numérico para la unidad fraccionaria. Usa la tira de fracciones e identifica las fracciones en la recta numérica. Asegúrate de identificar las fracciones en 0 y 1.

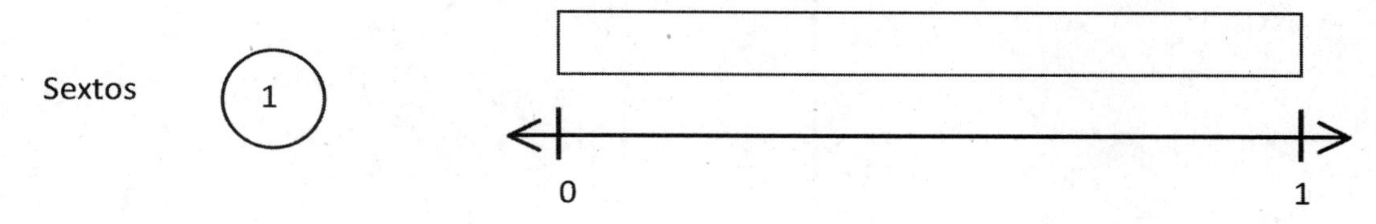

2. La Srta. Metcalf quiere compartir $1 equitativamente entre 5 estudiantes. Dibuja un vínculo numérico y una recta numérica como ayuda para explicar tu respuesta.

   a. ¿Qué fracción de un dólar obtendrá cada estudiante?

   b. ¿Cuánto dinero recibirá cada estudiante?

En béisbol, hay unas 30 yardas desde la base del bateador hasta la primera base. El bateador quedó fuera, a medio camino de la primera base. ¿Aproximadamente a cuántas yardas de la base del bateador estaba cuando quedó fuera? Dibuja una recta numérica para mostrar el punto en el que quedó fuera.

____

____

____

____

Lee **Dibuja** **Escribe**

Nombre ________________________________ Fecha ________________

1. Calcula para identificar las fracciones proporcionadas en la recta numérica. Asegúrate de identificar las fracciones en 0 y 1. Escribe las fracciones sobre la recta numérica. Dibuja un vínculo numérico que coincida con tu recta numérica.

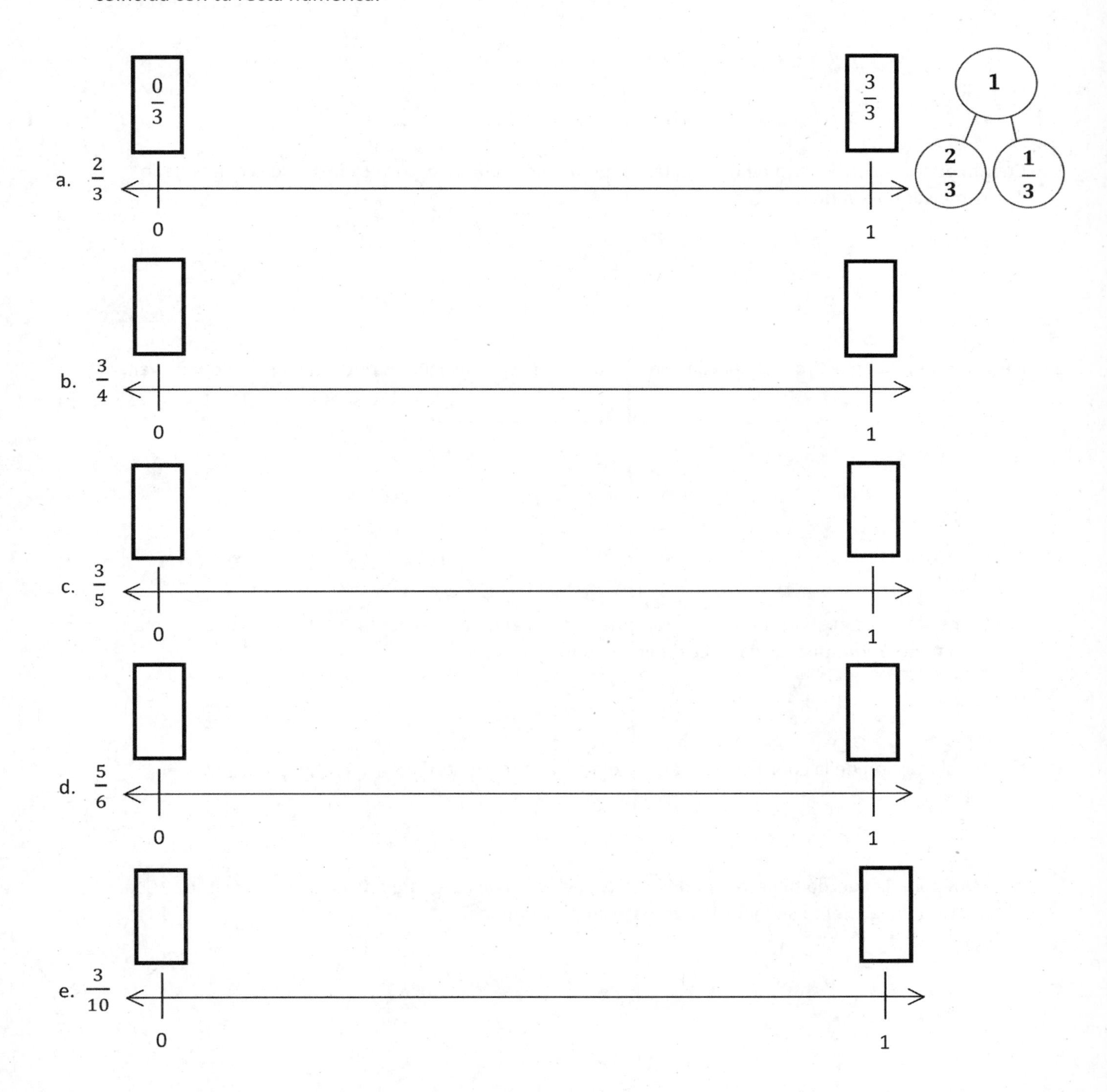

2. Dibuja una recta numérica. Usa una tira de fracción para colocar el 0 y el 1. Dobla la tira para hacer 8 partes iguales. Usa la tira para medir y marcar tu recta numérica con octavos.

   Cuenta de forma progresiva de 0 a 8 octavos en tu recta numérica. Toca cada número con el dedo conforme vas contando.

3. Para su bote, Jaime estiró una cuerda con 5 nudos con espacios iguales entre sí como se puede ver.

   a. Comenzando con el primer nudo y terminando con el último, ¿cuántas partes iguales se forman por los 5 nudos? Identifica cada fracción en el nudo.

   b. ¿Cuál fracción de la cuerda está identificada en el tercer nudo?

   c. ¿Qué tal si la cuerda tuviese 6 nudos con espacios iguales a lo largo de la misma longitud? ¿Cuál fracción de la cuerda se mediría por los primeros 2 nudos?

Nombre ______________________________ Fecha ____________________

1. Calcula para identificar la fracción proporcionada en la recta numérica. Asegúrate de identificar las fracciones en 0 y 1. Escribe las fracciones sobre la recta numérica. Dibuja un vínculo numérico que coincida con tu recta numérica.

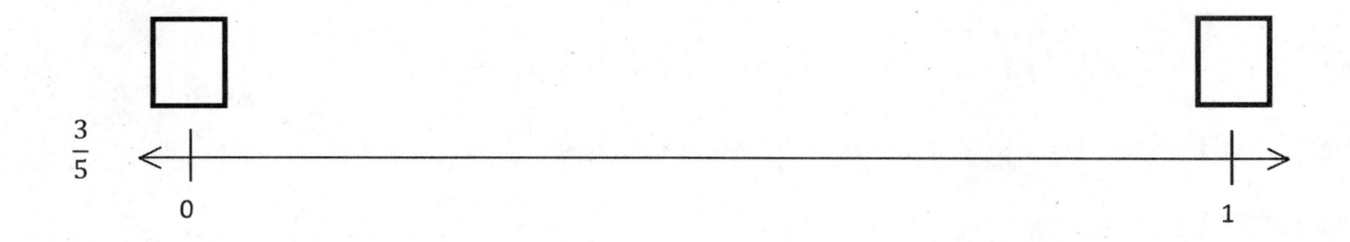

2. Divide la recta numérica. Después, coloca cada fracción en la recta numérica $\frac{3}{6}$, $\frac{1}{6}$, y $\frac{5}{6}$.

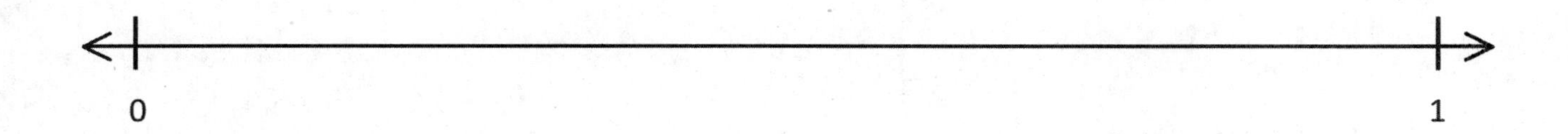

Hannah compró 1 yarda de listón para envolver 4 regalos pequeños. Ella quiere cortar el listón en partes iguales. Dibuja e identifica una recta numérica de 0 a 1 yardas para mostrar dónde Hannah cortará el listón. Identifica todas las fracciones incluyendo 0 cuartos y 4 cuartos. Identifica también 0 yardas y 1 yarda.

Lee **Dibuja** **Escribe**

Nombre ______________________________ Fecha ____________________

1. Calcula para dividir en partes iguales e identifica las fracciones en la recta numérica. Identifica los enteros como fracciones y enciérralos en un cuadro. El primer ejercicio ya está resuelto.

a. medios

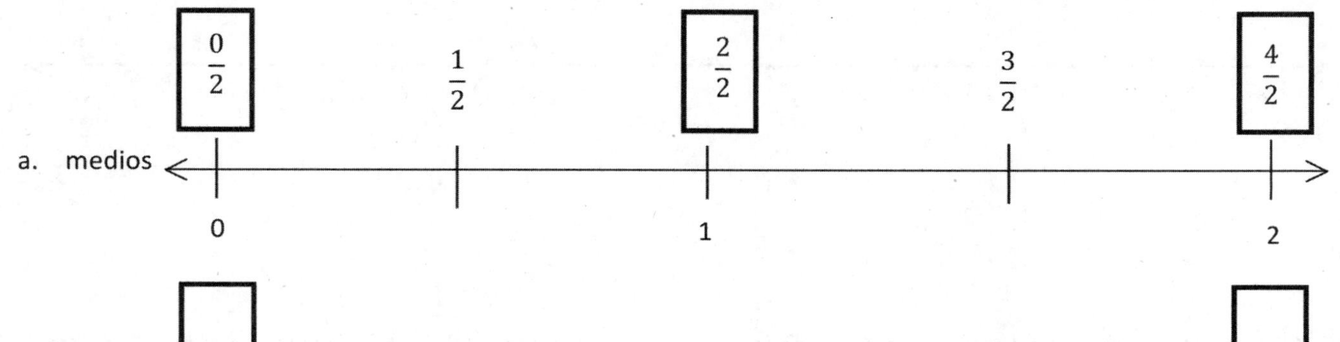

b. tercios

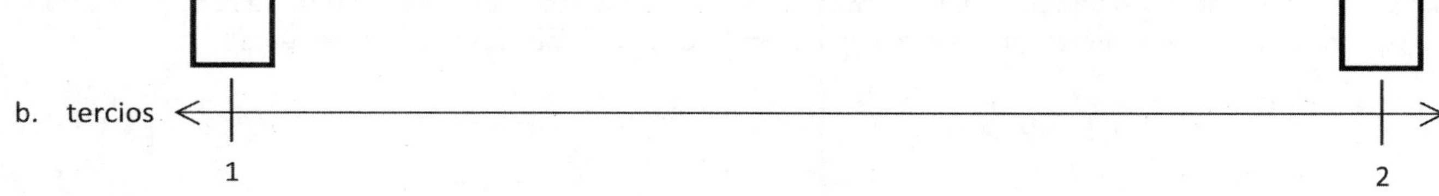

c. medios

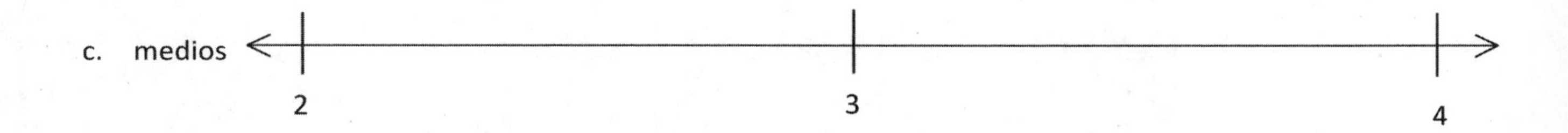

d. cuartos

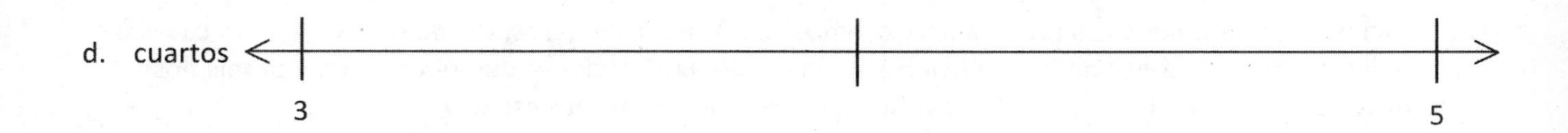

e. tercios

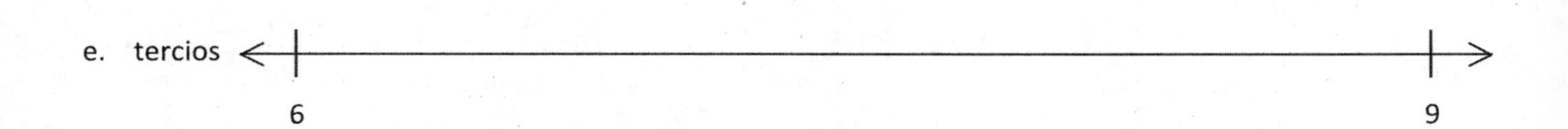

2. Divide cada entero en quintos. Identifica cada fracción. Cuenta hacia adelante mientras lo haces. Encierra en un cuadro las fracciones que se ubican en los mismos puntos que los números enteros.

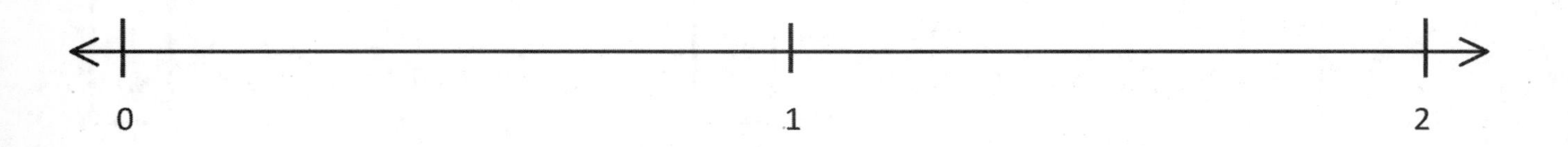

3. Divide cada entero en tercios. Identifica cada fracción. Cuenta hacia adelante mientras lo haces. Encierra en un cuadro las fracciones que se ubican en los mismos puntos que los números enteros.

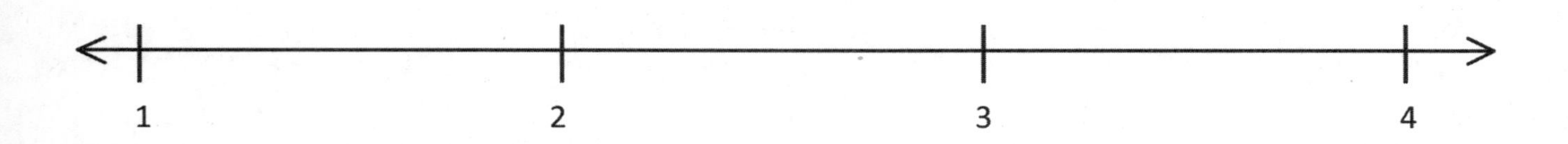

4. Dibuja una recta numérica con 0 y 3 a los extremos. Identifica los enteros. Divide cada entero en cuartos. Marca todas las fracciones de 0 a 3. Encierra en un cuadro las fracciones que se ubican en los mismos puntos que los números enteros. Usa una hoja aparte si necesitas más espacio.

Nombre ______________________________ Fecha ______________

1. Calcula para dividir en partes iguales e identifica las fracciones en la recta numérica. Identifica los enteros como fracciones y enciérralos en un cuadro.

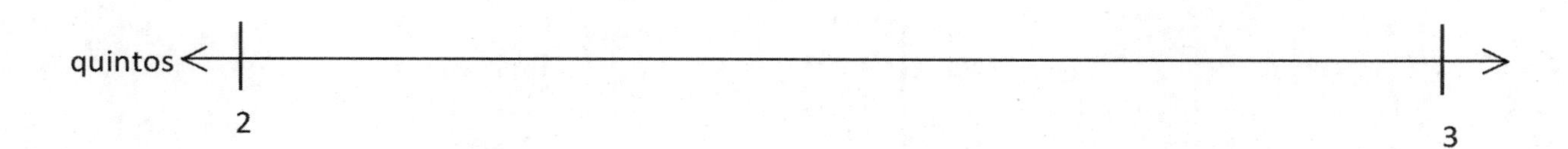

2. Dibuja una recta numérica con 0 y 2 a los extremos. Identifica los enteros. Calcula para dividir cada entero en sextos e identifícalos. Encierra en un cuadro las fracciones que se ubican en los mismos puntos que los números enteros.

Sammy ve una línea negra al fondo de la piscina que va desde un extremo al otro. Ella se pregunta cuánto mide de largo. La línea negra es de la misma longitud que 9 losas de concreto del camino que pasa junto al borde de la piscina. Una losa de concreto mide 5 metros de largo. ¿Cuál es la longitud de la línea negra en el fondo de la piscina?

Lee **Dibuja** **Escribe**

Nombre ______________________________ Fecha ______________

1. Encuentra e identifica las siguientes fracciones en la recta numérica.

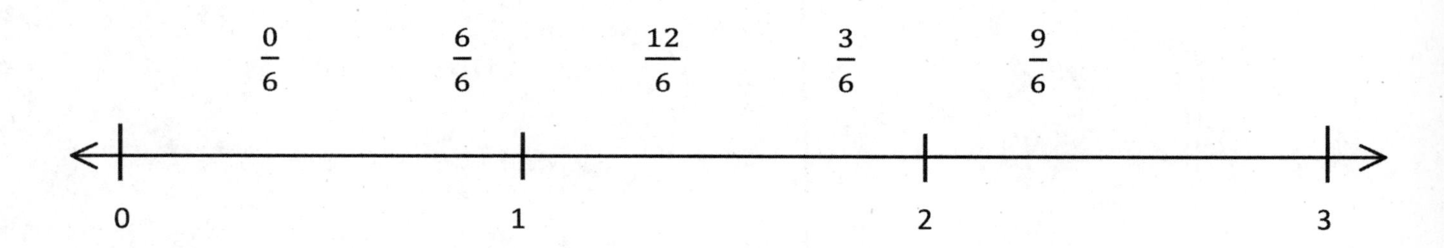

2. Encuentra e identifica las siguientes fracciones en la recta numérica.

$\frac{8}{4}$ $\frac{6}{4}$ $\frac{12}{4}$ $\frac{16}{4}$ $\frac{4}{4}$

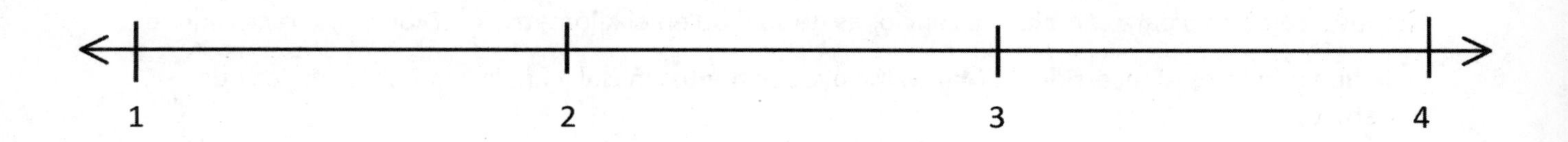

3. Encuentra e identifica las siguientes fracciones en la recta numérica.

$\frac{18}{3}$ $\frac{14}{3}$ $\frac{9}{3}$ $\frac{11}{3}$ $\frac{6}{3}$

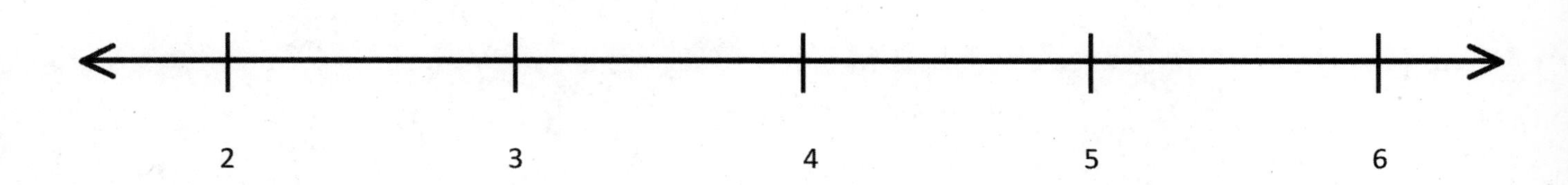

4. Para un proyecto de medidas en la clase de matemáticas, los estudiantes midieron las longitudes de sus dedos meñiques. El de Alex midió 2 pulgadas de largo. El dedo meñique de Jeremías midió $\frac{7}{4}$ pulgadas de largo. ¿Quién tiene el dedo más largo? Dibuja una recta numérica para demostrar tu respuesta.

5. Marcy corrió 4 kilómetros después de la escuela. Ella se detuvo para atarse los cordones en el kilómetro $\frac{7}{5}$. Después, se detuvo para cambiar las canciones de su iPod en el kilómetro $\frac{12}{5}$. Dibuja una recta numérica en la que muestres el recorrido de Marcy. Incluye sus puntos inicial y final y los 2 sitios en los que se detuvo.

Nombre ______________________________ Fecha ________________

1. Encuentra e identifica las siguientes fracciones en la recta numérica.

$\frac{7}{3}$ $\frac{2}{3}$ $\frac{4}{3}$

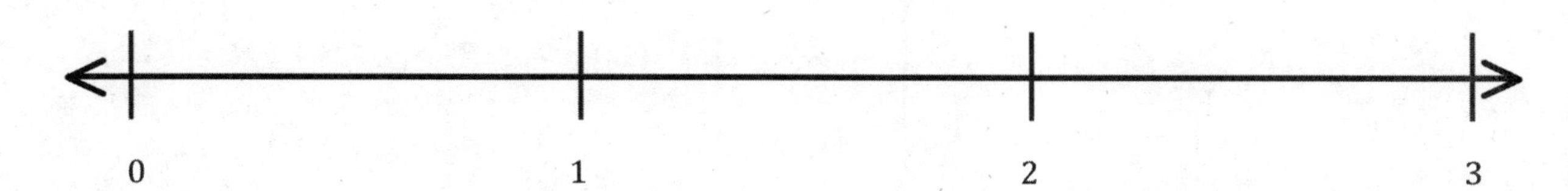

2. Katie compró 2 botellas de jugo de un galón para una fiesta. Sus invitados bebieron $\frac{6}{4}$ galones de jugo. ¿Qué fracción sobra de un galón de jugo? Dibuja una recta numérica para mostrar y explicar tu respuesta.

Los estudiantes de tercer grado están cultivando pimientos. El estudiante con el pimiento más largo gana el premio del Pulgar Verde. El pimiento de Jackson midió 3 pulgadas de largo. El de Drew midió $\frac{10}{4}$ pulgadas de largo. ¿Quién ganó el concurso? Dibuja una recta numérica de ayuda para demostrar tu respuesta.

____

____

____

____

Lee **Dibuja** **Escribe**

Nombre ______________________________ Fecha ________________

Coloca las dos fracciones en la recta numérica. Encierra en un círculo la fracción con la distancia más cercana a 0. Después compara usando >, <, o =. El primer ejemplo está resuelto.

1. $\frac{1}{4}$ 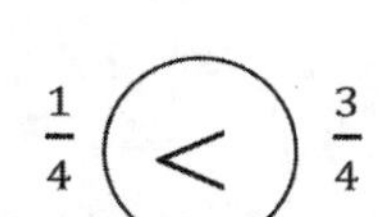 $\frac{3}{4}$

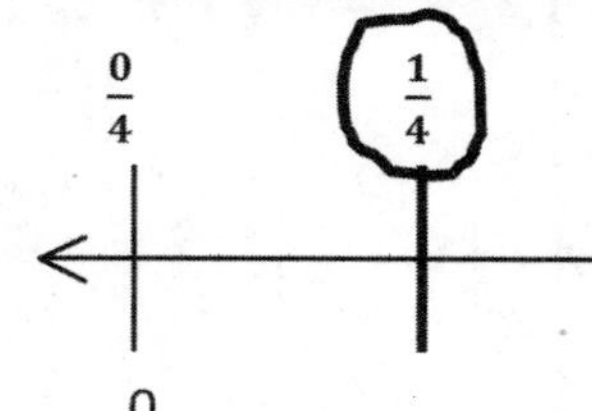

$\frac{2}{4}$ $\frac{3}{4}$ $\frac{4}{4}$

1

2. $\frac{2}{6}$ ◯ $\frac{3}{6}$

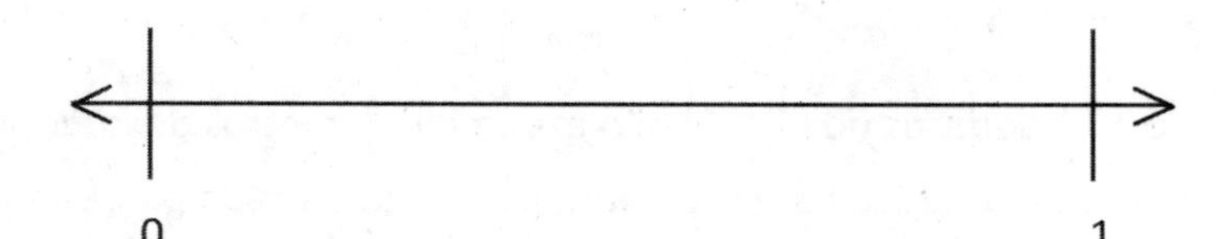

3. $\frac{1}{2}$ 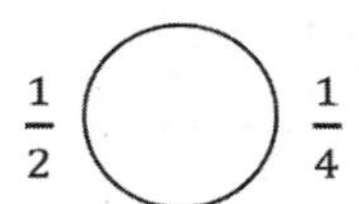 $\frac{1}{4}$

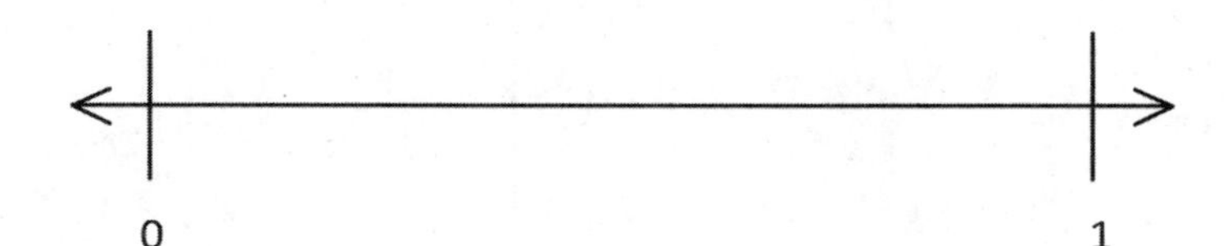

4. $\frac{2}{3}$ ◯ $\frac{2}{6}$

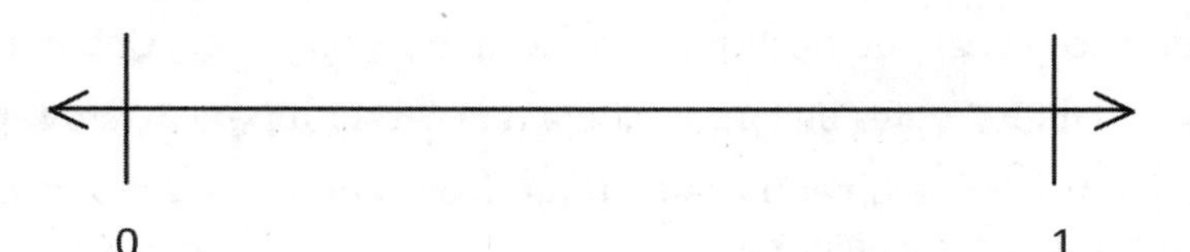

5. $\frac{11}{8}$ 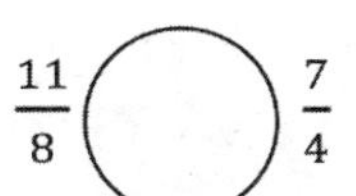 $\frac{7}{4}$

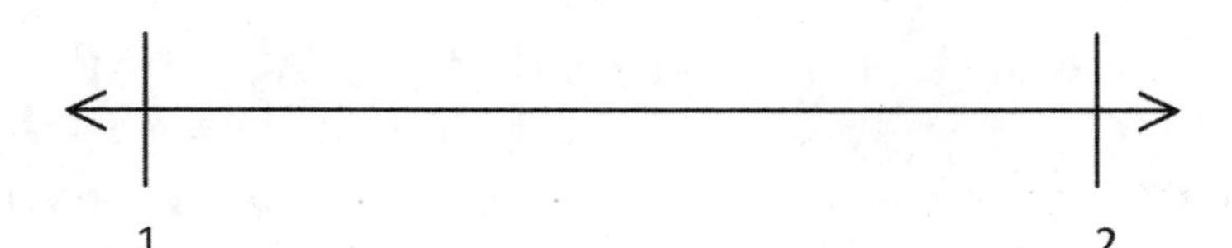

6. JoAnn y Lupe viven a solo unas calles de la escuela. JoAnn camina $\frac{5}{6}$ millas y Lupe camina $\frac{7}{8}$ millas de la escuela a la casa todos los dias. Dibuja una recta numérica para representar qué distancia camina cada chica. ¿Cuál camina menos? Explica cómo lo sabes usando imágenes, números y palabras.

7. Cheryl recorta 2 pedazos de hilo. El hilo azul mide $\frac{5}{4}$ metros de largo. El hilo rojo mide $\frac{4}{5}$ metros de largo. Dibuja una recta numérica para representar el largo de cada pieza de hilo. ¿Cuál pieza de hilo es más corta? Explica cómo lo sabes usando imágenes, números y palabras.

8. Brandon hace espagueti hecho en casa. Él mide 3 tallarines. Uno mide $\frac{7}{8}$ pies, el segundo mide $\frac{7}{4}$ pies y el tercero mide $\frac{4}{2}$ pies de largo. Dibuja una recta numérica para representar el largo de cada pieza de espagueti. Escribe un enunciado numérico usando <, >, o = para comparar las piezas. Explica usando imágenes, números y palabras.

Nombre ______________________________ Fecha ______________

Coloca las dos fracciones en la recta numérica. Encierra en un círculo la fracción con la distancia más cercana a 0. Después compara usando >, <, o =.

1. $\frac{3}{5}$ ◯ $\frac{1}{5}$

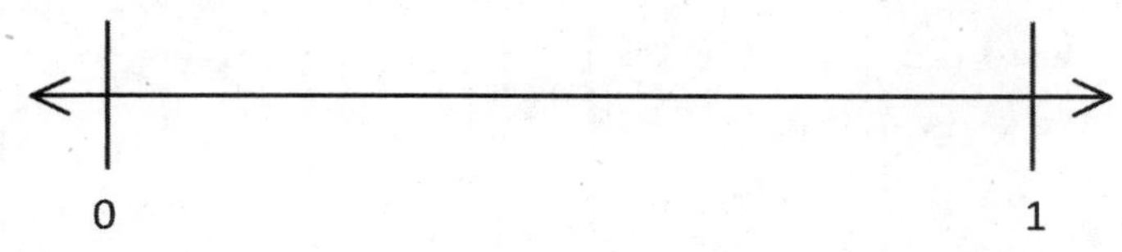

2. $\frac{1}{2}$ ◯ $\frac{3}{4}$

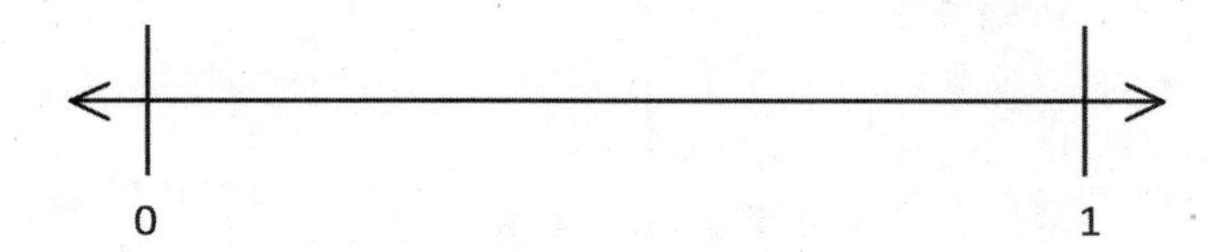

3. El Sr. Brady dibuja una fracción en la pizarra. Ken dice que es $\frac{2}{3}$ y Dan dice que es $\frac{3}{2}$. ¿Significan lo mismo estas dos fracciones? De no ser así, ¿cuál fracción es mayor? Dibuja una recta numérica para representar $\frac{2}{3}$ y $\frac{3}{2}$. Usa palabras, imágenes y números para explicar tu comparación.

Thomas tiene 2 hojas de papel. Quiere hacer 4 agujeros con distancias iguales a lo largo del borde de cada hoja. Dibuja las 2 hojas de papel de Thomas una junto a la otra de manera que se junten los extremos. Identifica una recta numérica desde 0 al comienzo de su primera hoja hasta 2 al final de su segunda hoja. Muéstrale a Thomas dónde hacer el agujero en sus hojas e identifica las fracciones. ¿Qué fracción está identificada en el octavo agujero?

____

____

____

____

Lee **Dibuja** **Escribe**

Nombre ______________________________ Fecha ______________

1. Divide cada recta numérica en la unidad fraccionaria proporcionada. Después coloca las fracciones. Escribe cada entero como una fracción.

   a. medios $\frac{3}{2}$ $\frac{5}{2}$ $\frac{4}{2}$

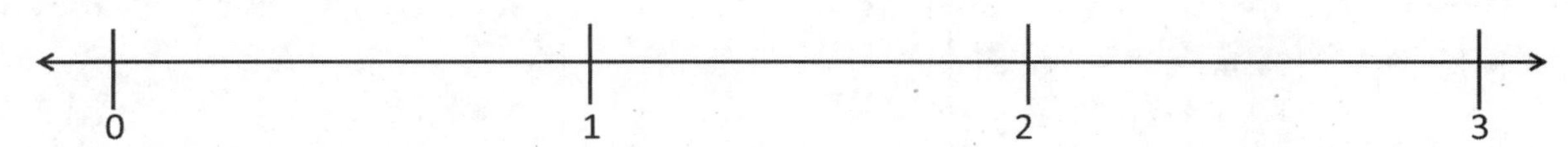

   b. cuartos $\frac{9}{4}$ $\frac{11}{4}$ $\frac{6}{4}$

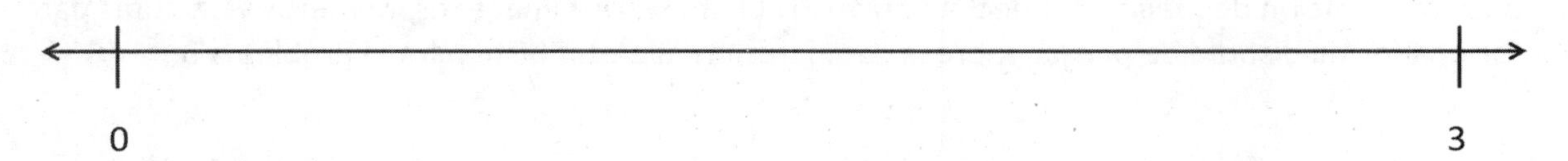

   c. octavos $\frac{24}{8}$ $\frac{19}{8}$ $\frac{16}{8}$

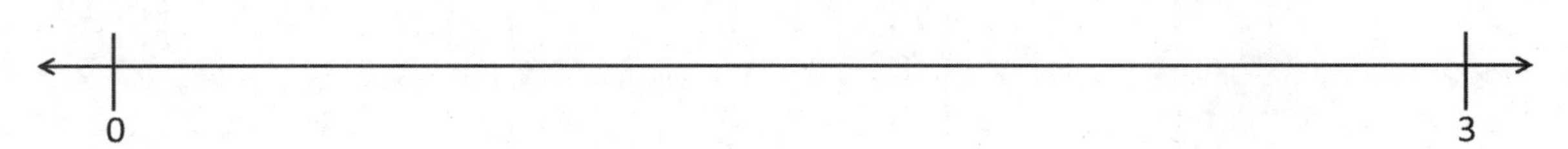

2. Usa las rectas numéricas anteriores para comparar las siguientes fracciones usando >, <, o =.

$\frac{6}{4} \bigcirc \frac{9}{4}$ $\frac{3}{2} \bigcirc \frac{5}{2}$ $\frac{19}{8} \bigcirc \frac{16}{8}$

$\frac{16}{8} \bigcirc \frac{3}{2}$ $\frac{9}{4} \bigcirc \frac{19}{8}$ $\frac{4}{2} \bigcirc \frac{16}{8}$

$\frac{6}{4} \bigcirc \frac{16}{8}$ $\frac{5}{2} \bigcirc \frac{9}{4}$ $\frac{24}{8} \bigcirc \frac{11}{4}$

3. Elije una comparación de *mayor que* hecha para el Problema 2. Usa imágenes, números y palabras para explicar cómo hiciste la comparación.

4. Elije una comparación de *menor que* hecha para el Problema 2. Usa imágenes, números y palabras para explicar una forma distinta de pensar sobre la comparación que escribiste para el Problema 3.

5. Elije una comparación de *igual a* hecha para el Problema 2. Usa imágenes, números y palabras para explicar dos formas en las que puedes demostrar que tu comparación es cierta.

Nombre ______________________________ Fecha ______________

1. Divide cada recta numérica en la unidad fraccionaria proporcionada. Después coloca las fracciones. Escribe cada entero como una fracción.

   cuartos $\frac{2}{4}$ $\frac{10}{4}$ $\frac{7}{4}$

2. Usa la recta numérica anterior para comparar las siguientes fracciones usando >, <, o =.

   $\frac{3}{4}$ ◯ $\frac{5}{4}$ $\frac{7}{4}$ ◯ $\frac{4}{4}$ 3 ◯ $\frac{6}{4}$

3. Usa la recta numérica del Problema 1. ¿Cuál es la respuesta mayor? ¿2 enteros o $\frac{9}{4}$? Utiliza palabras, imágenes y números para explicar tu respuesta.

Max se comió $\frac{2}{3}$ de la pizza en el almuerzo. Quería comer un pequeño refrigerio en la tarde, entonces cortó la pizza que sobró por la mitad y se comió 1 porción. ¿Cuánto quedó de la pizza? Dibuja una imagen que te ayude a pensar en la pizza.

____

____

____

____

Lee **Dibuja** **Escribe**

Nombre ______________________________ Fecha ______________

1. Identifica cuál fracción de cada figura está sombreada. Después, encierra en un círculo las fracciones que son iguales.

a.

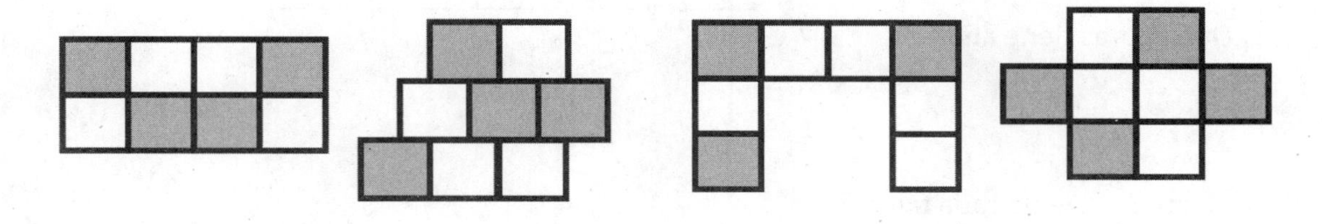

b.

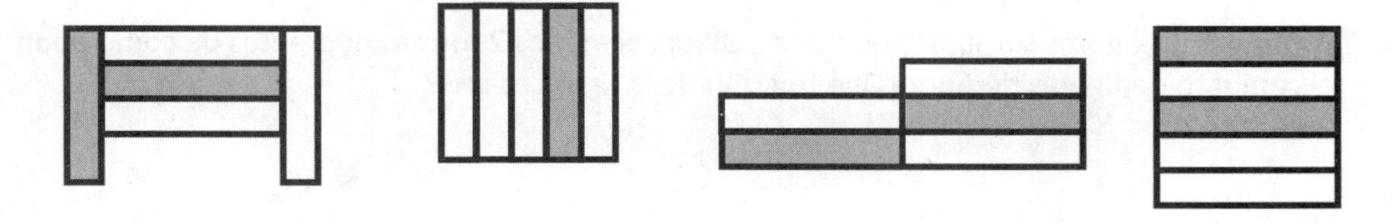

c.

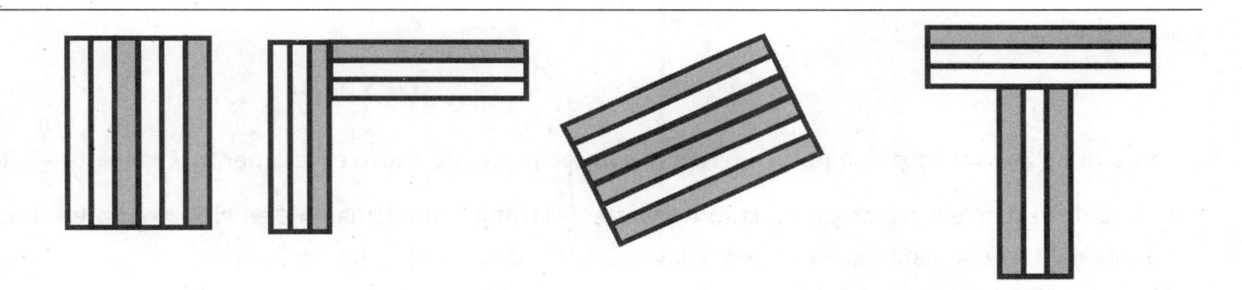

2. Identifica la fracción sombreada. Dibuja 2 representaciones diferentes de la misma cantidad fraccionaria.

a.

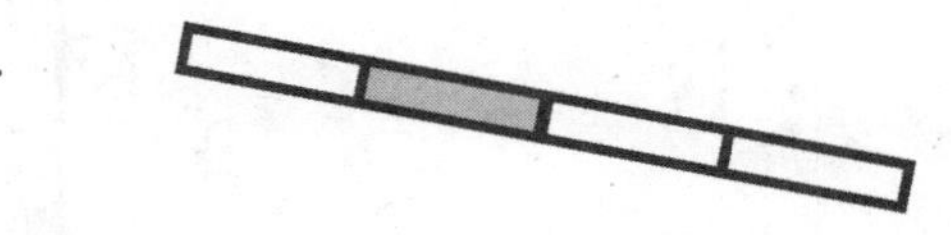

b.

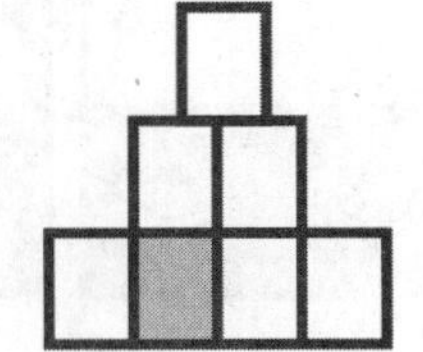

3. Ann tiene 6 cuadrados de papel pequeños. 2 cuadrados son grises. Ann corta 2 cuadrados grises a la mitad con una línea diagonal que va de una esquina a la otra.

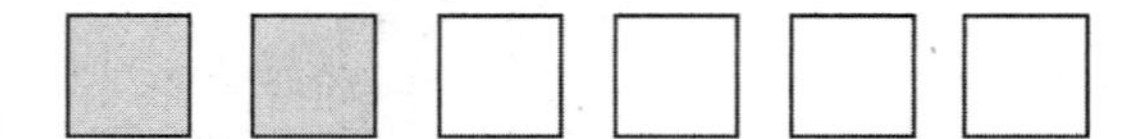

a. ¿Qué figuras tiene ahora?

b. ¿Cuántos tiene de cada figura?

c. Usa todas las figuras sin superposiciones. Dibuja al menos 2 formas diferentes de cómo podría verse el conjunto de figuras de Ann. ¿Qué fracción de la figura es gris?

4. Laura tiene 2 vasos de precipitado diferentes con capacidad de 1 litro exactamente. Ella vierte $\frac{1}{2}$ litros de líquido azul en el Vaso de precipitado A y vierte $\frac{1}{2}$ litros de líquido naranja en el Vaso de precipitado B. Susana dice que las cantidades no son iguales. Cristina dice que lo son. Explica quién crees que tiene la razón y por qué.

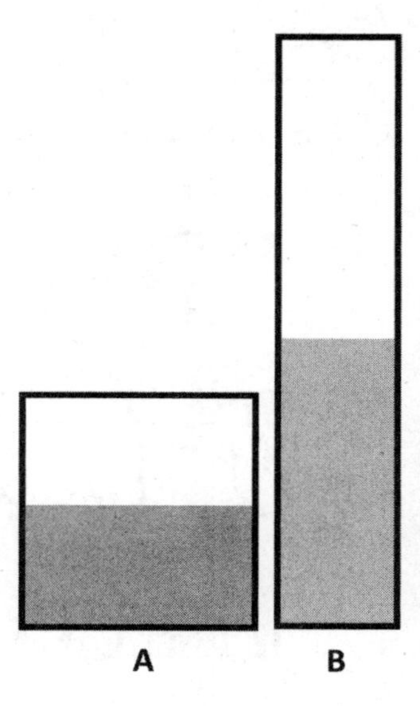

Nombre ______________________________ Fecha ________________

1. Identifica cuál fracción de la figura está sombreada. Después, encierra en un círculo las fracciones que son iguales.

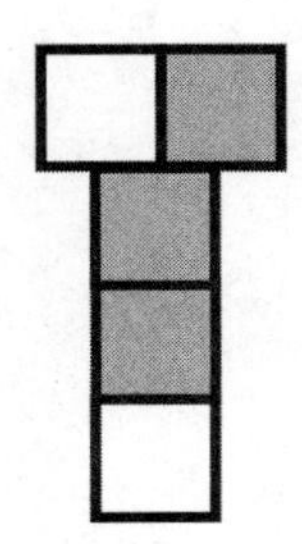 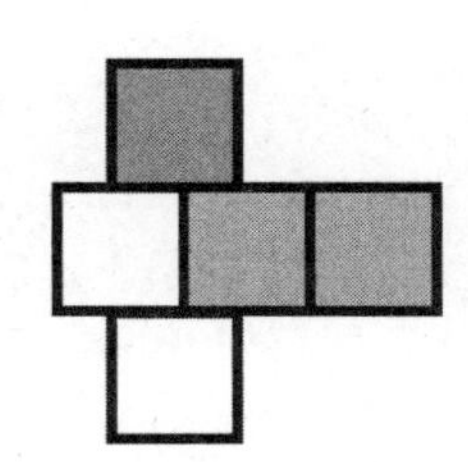 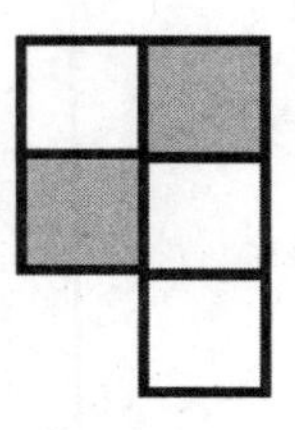 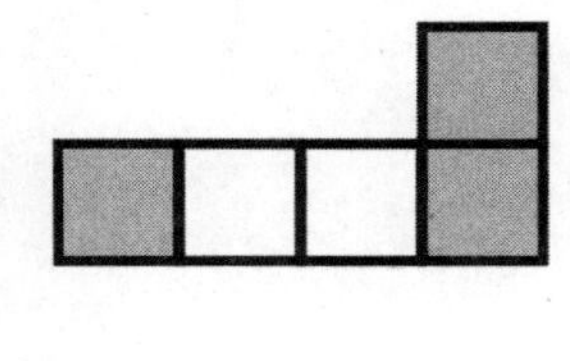

2. Identifica la fracción sombreada. Dibuja 2 representaciones diferentes de la misma cantidad fraccionaria.

a. 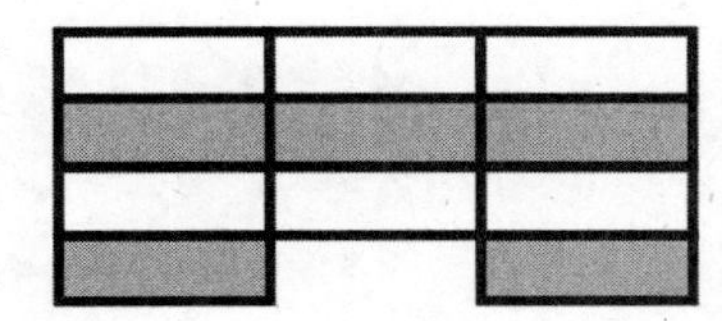

b. 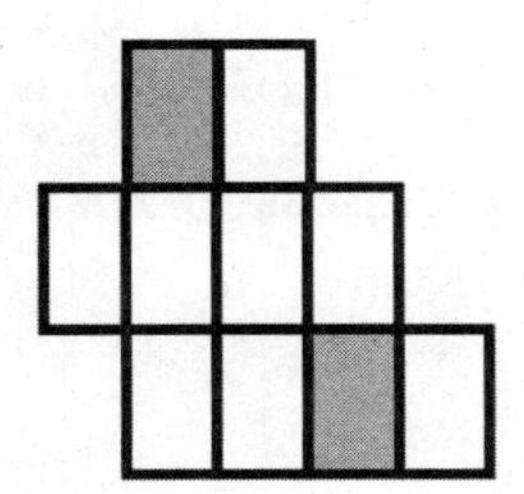

Dorothea está entrenando para correr una carrera de 2 millas. Ella marca su punto de partida y la meta. Para medir su progreso, coloca una marca en la milla 1. Después, coloca una marca a medio camino entre la posición de partida y la milla 1 y otra marca a mitad del camino entre la milla 1 y la meta.

a. Dibuja e identifica una recta numérica para mostrar los puntos que Dorothea marcó a lo largo de su recorrido.

b. ¿Qué unidad fraccionaria hace Dorothea conforme marca los puntos en su recorrido?

Lee **Dibuja** **Escribe**

c. ¿Qué fracción de su recorrido ha completado cuando llega al tercer marcador?

Lee **Dibuja** **Escribe**

Nombre ______________________________ Fecha ____________________

1. Usa las unidades fraccionarias a la izquierda para contar hacia adelante en la recta numérica. Identifica las fracciones faltantes en los espacios en blanco.

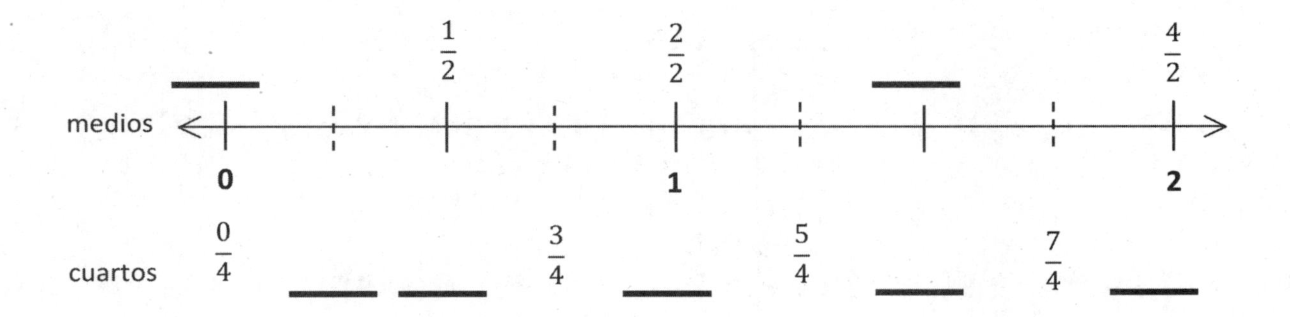

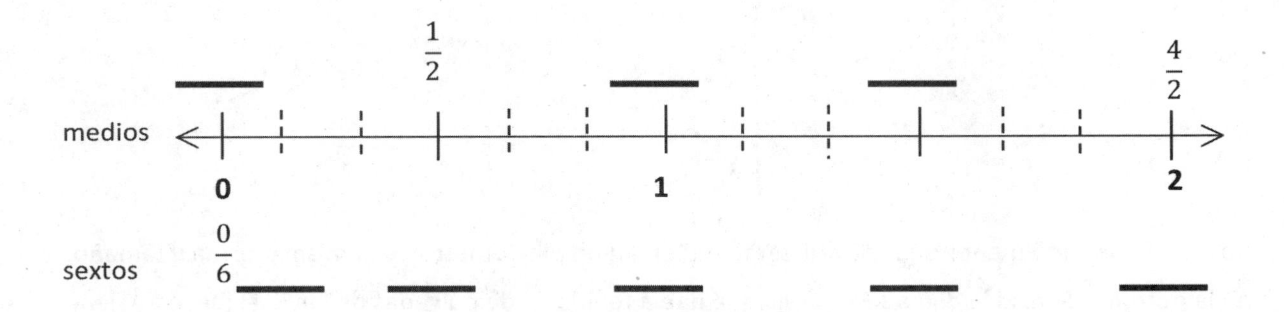

2. Usa las rectas numéricas de arriba para:

- Pintar de color azul las fracciones equivalentes a 1 medio.
- Pintar de color amarillo las fracciones equivalentes a 1.
- Pintar de color verde las fracciones equivalentes a 3 medios.
- Pintar de color rojo las fracciones equivalentes a 2.

3. Usa las rectas numéricas de arriba para convertir los enunciados numéricos en verdaderos.

$$\frac{2}{4} = \frac{}{6} \qquad \frac{6}{6} = \frac{2}{} = \frac{}{} \qquad \frac{3}{2} = \frac{}{6} = \frac{6}{}$$

4. Jack y Jill usan pluviómetros del mismo tamaño y forma para medir la lluvia en la cima de una colina. Jack usa un pluviómetro marcado en cuartos de pulgada. El pluviómetro de Jill mide la lluvia en octavos de pulgada. El jueves, el pluviómetro de Jack midió $\frac{2}{4}$ pulgadas de lluvia. Ambos tenían la misma cantidad de agua, ¿entonces cuál fue la lectura del pluviómetro de Jill el jueves? Dibuja una recta numérica para explicar tu razonamiento.

5. Rosco, el hermano menor de Jack y Jill también tenían un pluviómetro de la misma forma y tamaño en la misma colina. Él le dijo a Jack y a Jill que había tenido $\frac{1}{2}$ de pulgadas de lluvia el jueves. ¿Tiene razón? ¿Por qué sí o por qué no? Usa palabras y una recta numérica para explicar tu respuesta.

Nombre ______________________________ Fecha ______________

Clara fue a casa después de la escuela y le dijo a su madre que 1 entero es igual que $\frac{2}{2}$ y $\frac{6}{6}$. Su madre le preguntó por qué pero Clara no lo pudo explicar. Usa la recta numérica y palabras para ayudar a Clara a mostrar y explicar por qué.

$1=\frac{2}{2}=\frac{6}{6}$.

El Sr. Ramos desea colocar un cable en la pared. Pone 9 clavos con espacios iguales a lo largo del cable. Dibuja una recta numérica para representar el cable. Identifícala a partir del 0 al comienzo del cable hasta 1 al final. Marca cada fracción donde el Sr. Ramos pone cada clavo.

a. Elabora un vínculo numérico con fracciones unitarias hasta llegar a 1 entero.

b. Escribe la fracción del clavo que es equivalente a $\frac{1}{2}$ del cable

Lee **Dibuja** **Escribe**

Nombre ______________________________ Fecha ______________

1. Escribe la fracción sombreada de cada figura en el espacio en blanco. Después, dibuja una línea para relacionar las fracciones equivalentes.

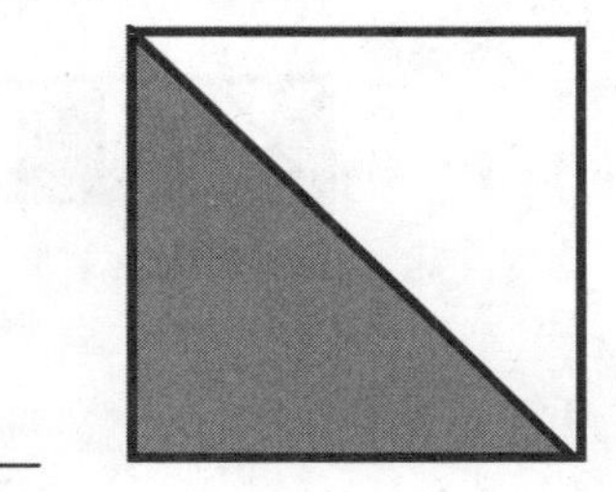

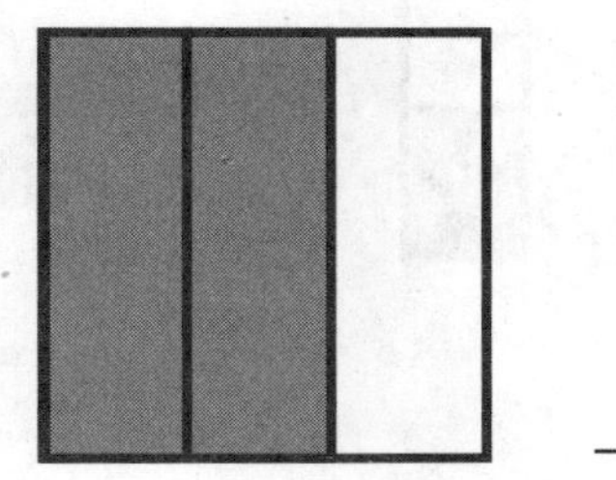

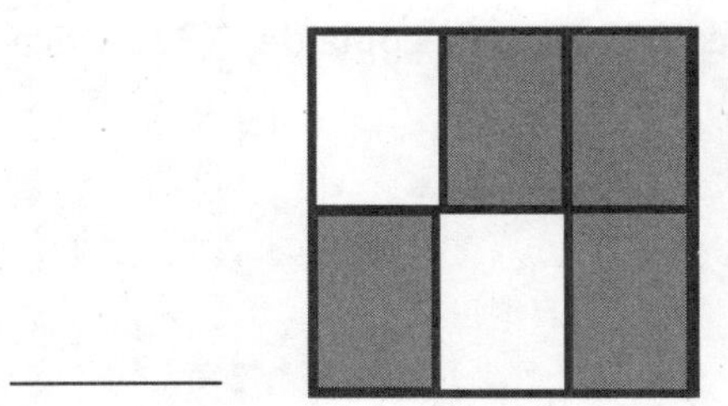

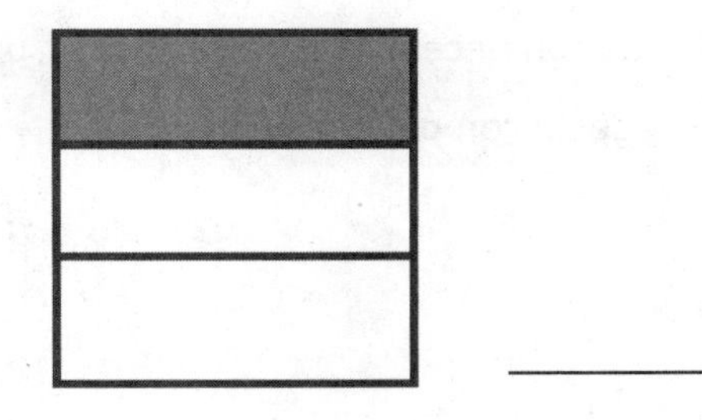

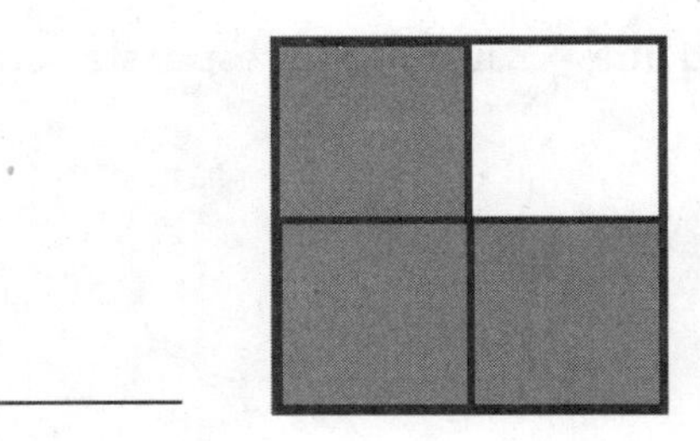

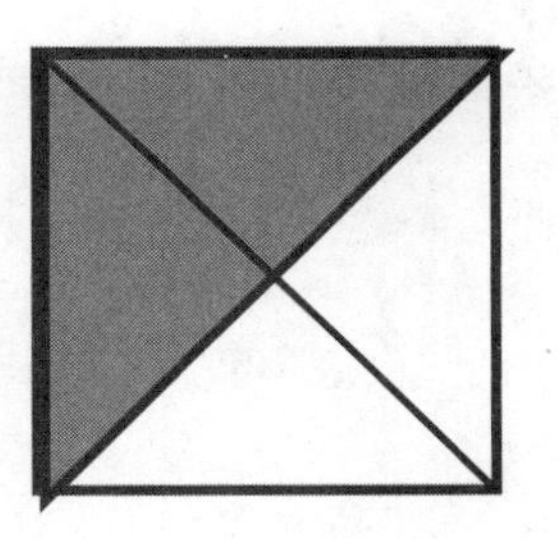

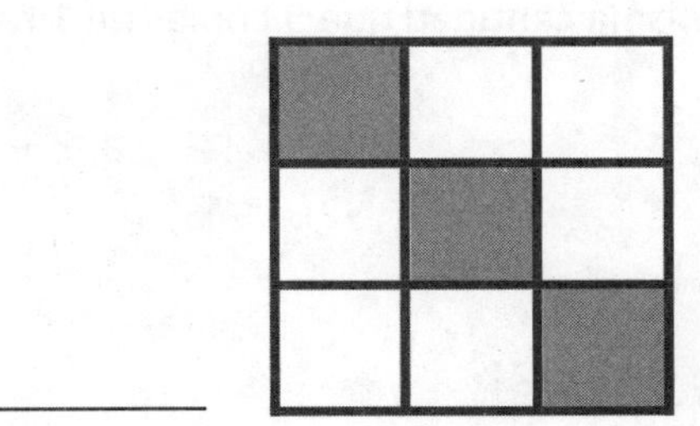

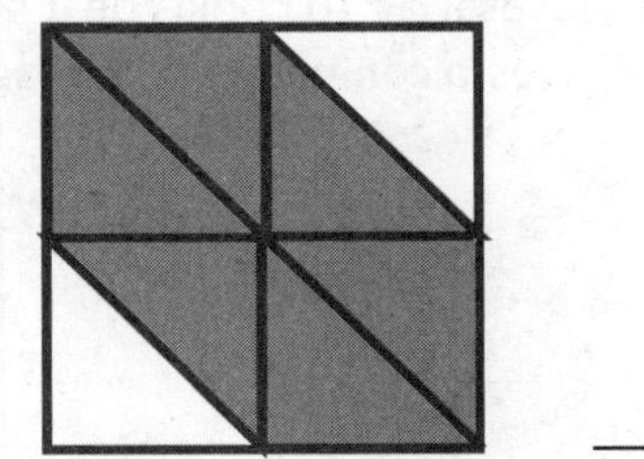

2. Escribe las partes faltantes de las fracciones.

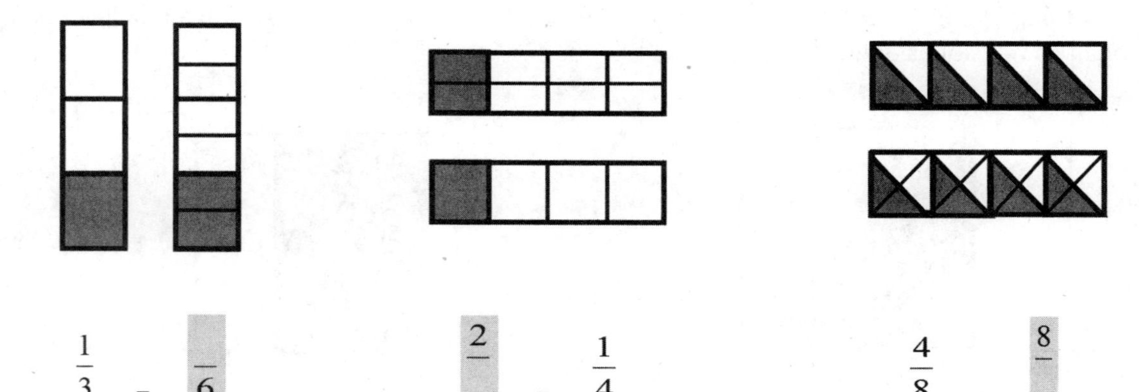

$\frac{1}{3} = \frac{}{6}$ $\qquad$ $\frac{2}{} = \frac{1}{4}$ $\qquad$ $\frac{4}{8} = \frac{8}{}$

3. ¿Por qué son necesarias 2 copias de $\frac{1}{8}$ para mostrar la misma cantidad que 1 copia de $\frac{1}{4}$? Justifica tu respuesta con palabras e imágenes.

4. ¿Cuántos sextos son necesarios para llegar a la misma cantidad que $\frac{1}{3}$? Justifica tu respuesta con palabras e imágenes.

5. ¿Por qué son necesarias 10 copias de 1 sexto para mostrar la misma cantidad que 5 copias de 1 tercio? Justifica tu respuesta con palabras e imágenes.

Nombre ________________________________ Fecha ____________________

1. Dibuja e identifica dos modelos que muestren fracciones equivalentes.

2. Dibuja e identifica una recta numérica que compruebe tu análisis sobre el Problema 1.

Shannon se paró al final de un campo de soccer de 100 metros y pateó la bola a su compañera de equipo. La pateó 20 metros. El comentarista dijo que la pateó un cuarto a lo largo del campo. ¿Es cierto? De no ser así, ¿qué fracción debió haber dicho el comentarista? Respalda tu respuesta usando una recta numérica.

Lee **Dibuja** **Escribe**

Nombre ______________________________ Fecha ________________

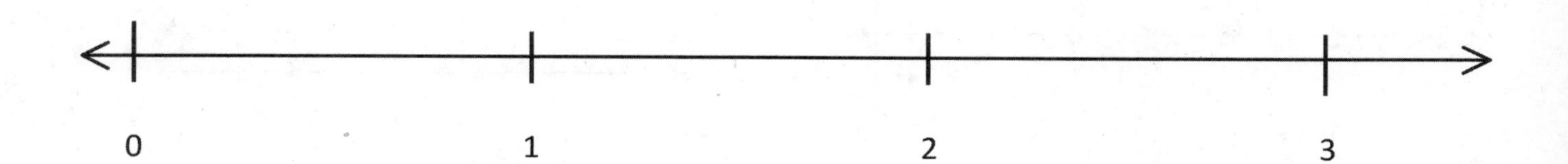

1. En la recta numérica arriba, usa un lápiz de color rojo para dividir cada entero en cuartos e identifica cada fracción encima de la línea. Usa una tira de fracción para calcular de ser necesario.

2. En la recta numérica de arriba, usa un lápiz de color azul para dividir cada entero en octavos e identifica cada fracción abajo de la línea. Vuelve a doblar tu tira de fracción del Problema 1 como ayuda para calcular.

3. Enumera las fracciones que nombran el mismo lugar en la recta numérica.

4. Con la recta numérica como ayuda, ¿cual fracción roja y cuál fracción azul serían iguales a $\frac{7}{2}$? Dibuja a continuación la parte de la recta numérica que incluiría estas fracciones abajo e identifícala.

5. Escribe dos fracciones distintas para el punto en la recta numérica. Puedes usar medios, tercios, cuartos, quintos, sextos u octavos. De ser necesario, usa tiras de fracción como ayuda.

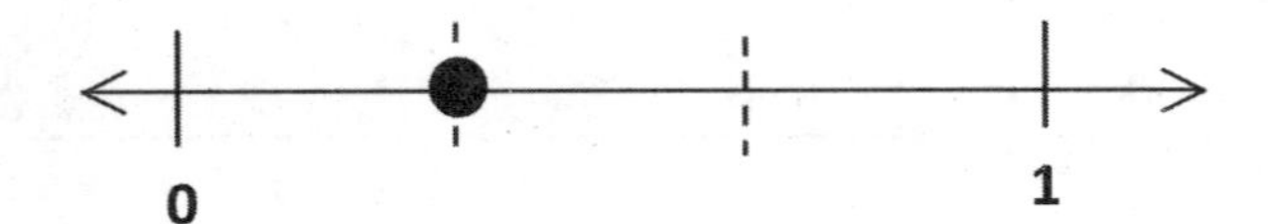

____________ = ____________

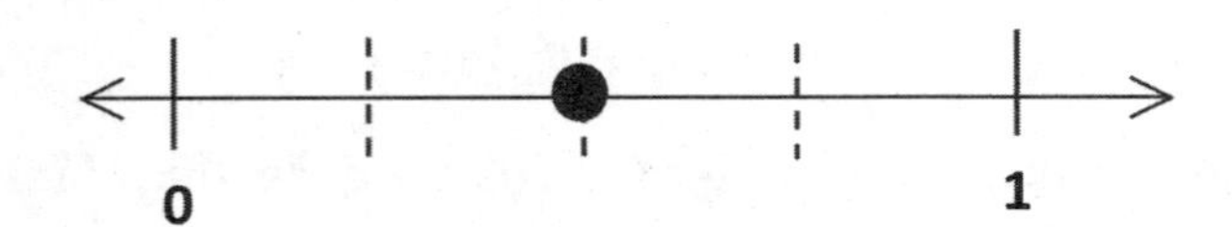

____________ = ____________

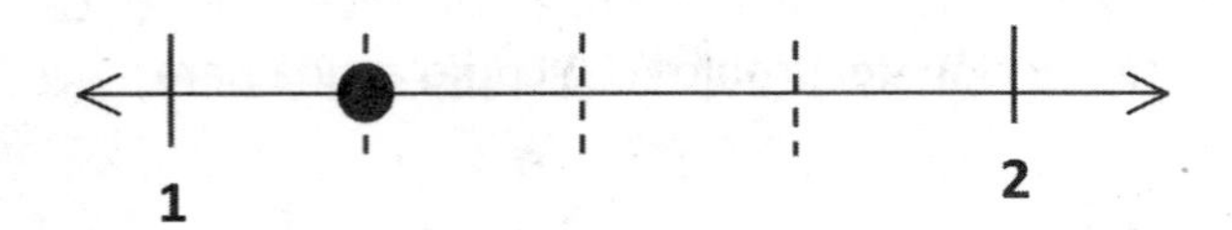

____________ = ____________

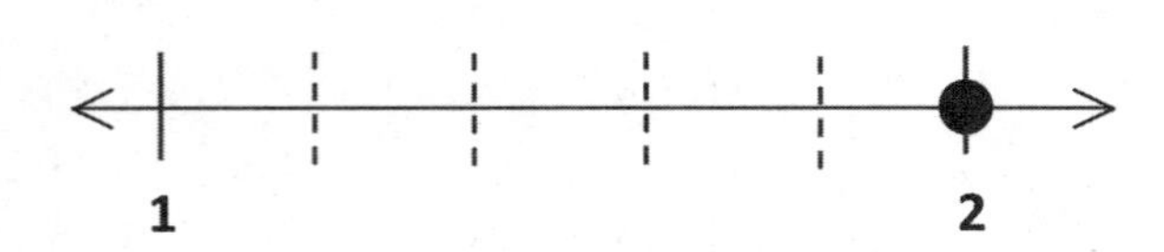

____________ = ____________

6. Cameron y Terrance están planeando correr en la carrera de la ciudad el sábado. Cameron ha decidido que va a dividir su carrera en 3 partes iguales y se detendrá a descansar después de correr 2 partes. Terrance divide su carrera en 6 partes iguales y se detendrá a descansar después de correr 2 partes. ¿Los chicos descansarán en el mismo punto de la carrera? ¿Por qué sí o por qué no? Dibuja una recta numérica para explicar tu respuesta.

Nombre ______________________________ Fecha ____________________

Enrique y Maddie estaban en un concurso de comer pasteles. Los pasteles estaban cortados en tercios o en sextos. Enrique tomó un pastel que estaba cortado en sextos y se comió $\frac{4}{6}$ en 1 minuto. Maddie tomó un pastel cortado en tercios. ¿Qué fracción de su pastel tiene que comerse Maddie en 1 minuto para empatar con Enrique? Dibuja una recta numérica y usa palabras para explicar tu respuesta.

La cremallera de la chaqueta de Roberto mide 1 pie de largo. Esta se rompe en el primer día de invierno. Solo puede cerrar $\frac{8}{12}$ del cierre antes de que se atasque. Dibuja e identifica una recta numérica para mostrar hasta dónde puede cerrar la cremallera de su chaqueta.

a. Divide e identifica la recta numérica en tercios. ¿Qué fracción de la cremallera puede cerrarse en tercios?

b. ¿Qué fracción de la cremallera de la chaqueta de Roberto no está cerrada? Escribe tu respuesta en doceavos y tercios.

Lee **Dibuja** **Escribe**

Nombre ___________________________ Fecha ____________________

1. Completa el vínculo numérico tal como lo indica la unidad fraccionaria. Divide la recta numérica en la unidad fraccionaria determinada e identifica las fracciones. Vuelve a nombrar el 0 y el 1 como fracciones de la unidad determinada. El primer ejercicio ya está resuelto.

Medios

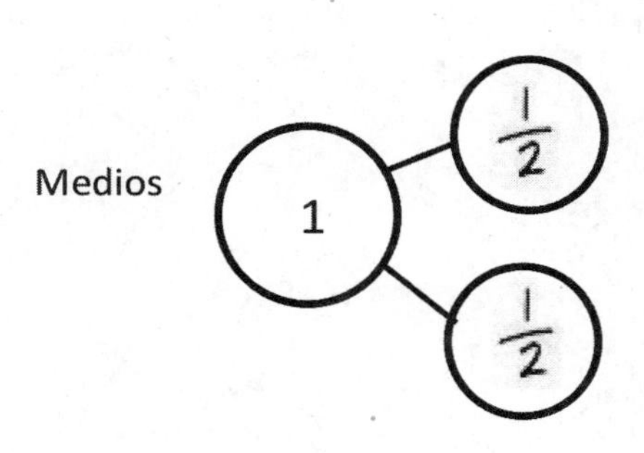

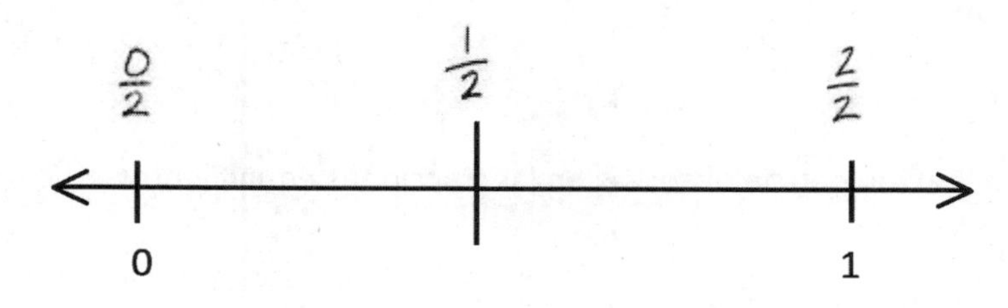

Tercios

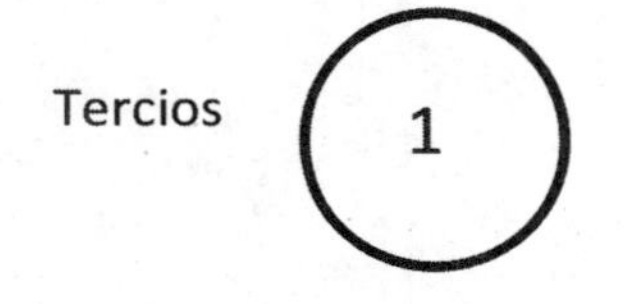

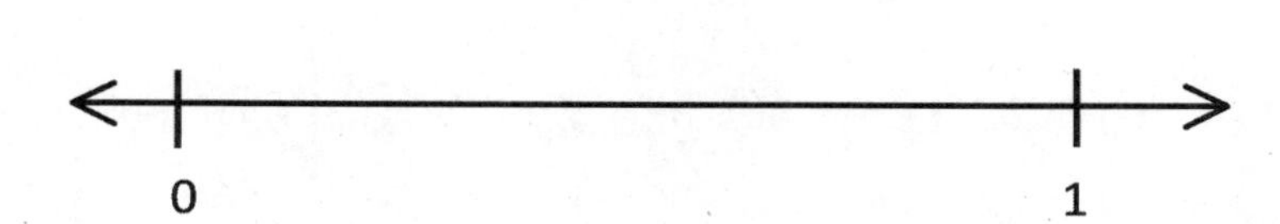

Cuartos

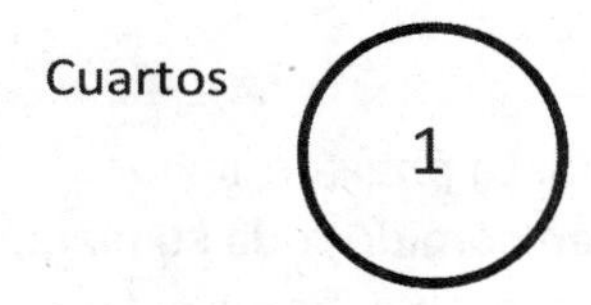

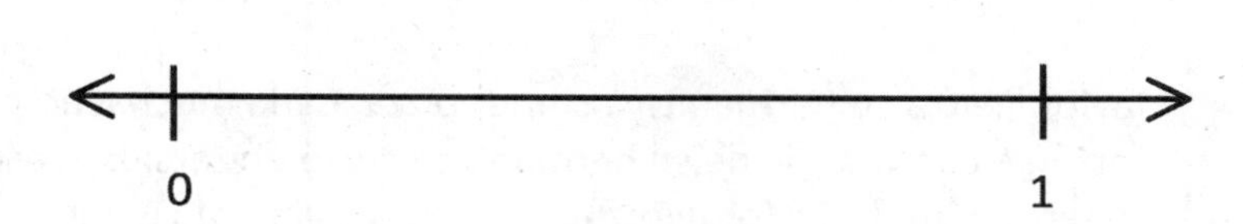

Quintos

1

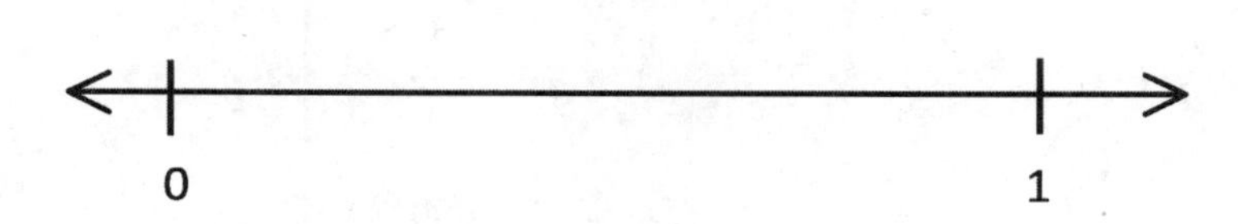

2. Encierra en un círculo todas las fracciones en el Problema 1 que equivalen a 1. Escríbelas en un enunciado numérico abajo.

$\frac{2}{2}$ = ____________________ = ____________________ = ____________________

3. ¿Qué patrón observas en las fracciones equivalentes a 1?

4. Taylor llevó a su hermanito a comer pizza. Cada muchacho pidió una pizza pequeña. La pizza de Taylor se cortó en cuartos y la de su hermano se cortó en tercios. Después que ambos habían comido toda su pizza, el hermanito de Taylor dijo: "¡Ey! ¡Eso no es justo! ¡Te dieron más que a mí! A ti te dieron 4 piezas y a mí sólo 3!".

¿Debería estar enojado el hermanito de Taylor? ¿Qué podrías decir para explicarle la situación? Usa palabras, imágenes o una recta numérica.

Nombre ______________________________ Fecha ____________________

1. Completa el vínculo numérico tal como lo indica la unidad fraccionaria. Divide la recta numérica en la unidad fraccionaria determinada e identifica las fracciones. Vuelve a nombrar el 0 y el 1 como fracciones de la unidad determinada.

Cuartos (1)

0 1

2. ¿Cuántas copias de $\frac{1}{4}$ son necesarias para hacer 1 entero? ¿Cuál es la fracción de 1 entero en este caso? Usa la recta numérica o el vínculo numérico en el Problema 1 para ayudarte a explicar.

Lincoln bebe 1 octavo de galón de leche cada mañana.

a. ¿Cuántos días le tomará a Lincoln beber 1 galón de leche? Usa la recta numérica y palabras para explicar tu respuesta.

b. ¿Cuántos días le tomará a Lincoln beber 2 galones de leche? Extiende tu recta numérica para mostrar 2 galones y usa palabras para explicar tu respuesta.

Lee **Dibuja** **Escribe**

Nombre ______________________________ Fecha ______________

1 Identifica los siguientes modelos como una fracción dentro del recuadro punteado. El primer ejercicio ya está resuel to.

= 1 entero

$\frac{3}{3}$

2. Escribe los números enteros que faltan en los recuadros debajo de la recta numérica. Vuelve a nombrar los números enteros como fracciones en los recuadros encima de la recta numérica.

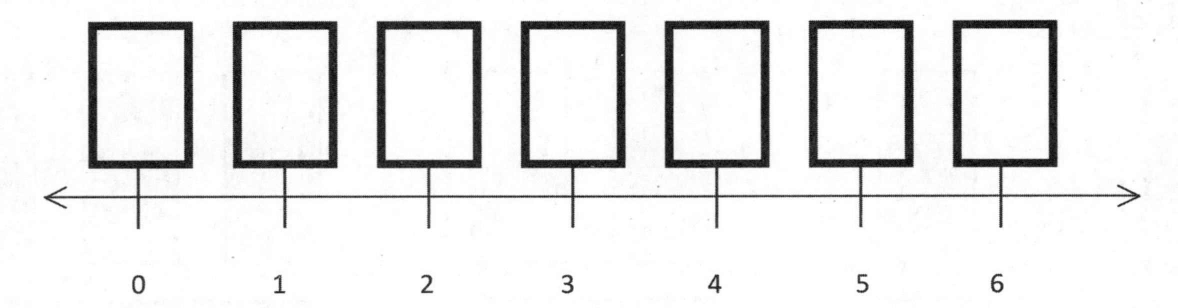

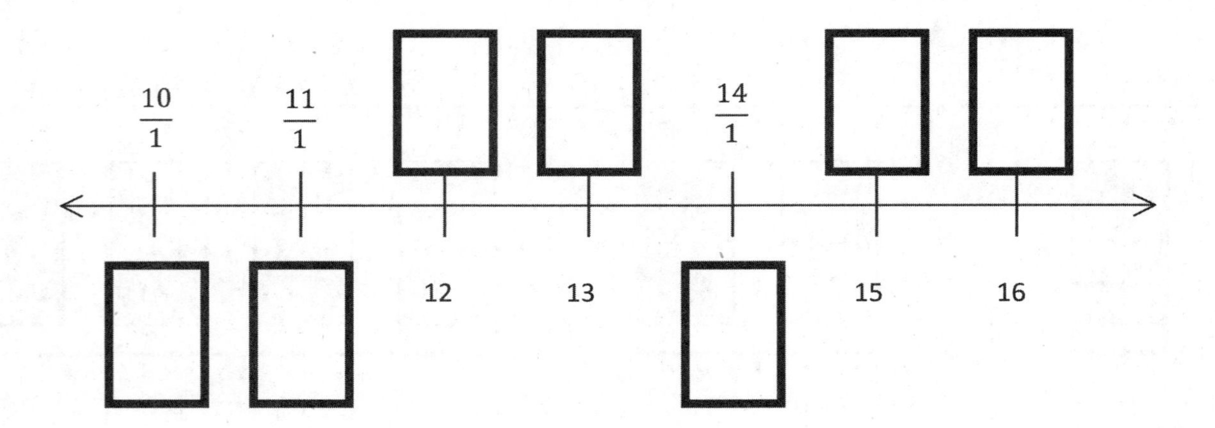

3. Explica la diferencia entre estas dos fracciones con palabras e imágenes.

$$\frac{2}{1} \qquad \frac{2}{2}$$

Nombre ______________________________ Fecha ______________

1. Identifica el modelo como una fracción dentro del recuadro.

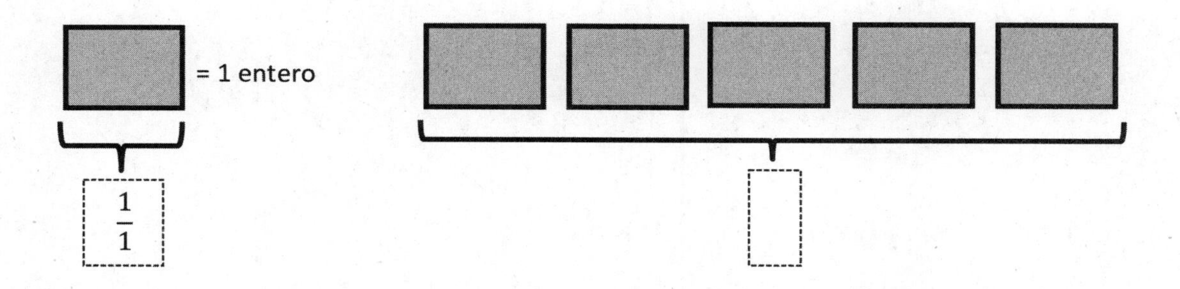

2. Divide los enteros en tercios. Vuelve a nombrar la fracción para 3 enteros. Usa la recta numérica y palabras para explicar tu respuesta.

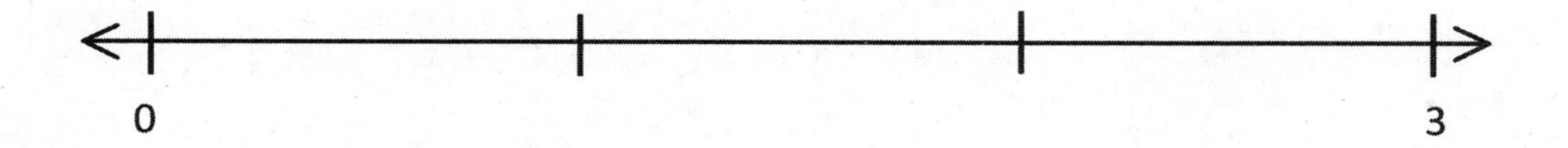

3 enteros

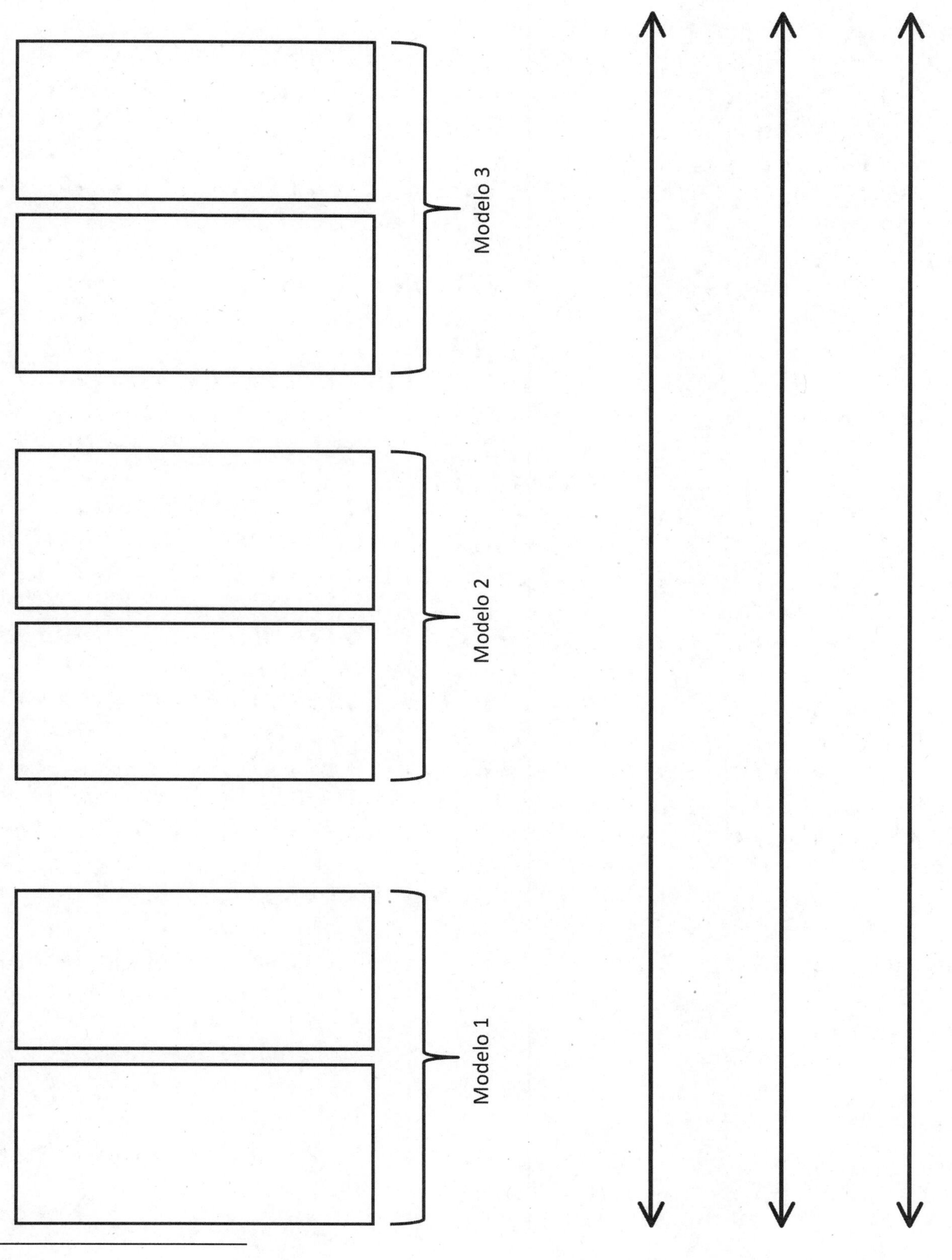

6 enteros

Antonio trabaja en su proyecto durante 4 tercios de hora. Su mamá le dice que debe pasar otros 2 tercios de hora trabajando en el proyecto. Dibuja un vínculo numérico y una recta numérica con copias de tercios para mostrar cuánto más necesita trabajar Antonio en total. Escribe como número entero la cantidad de tiempo total que Antonio debe trabajar.

Lee Dibuja Escribe

Nombre ______________________________ Fecha ________________

1. Divide la recta numérica para mostrar las unidades fraccionarias. Después, dibuja vínculos numéricos usando copias de 1 entero para los números enteros encerrados en un círculo.

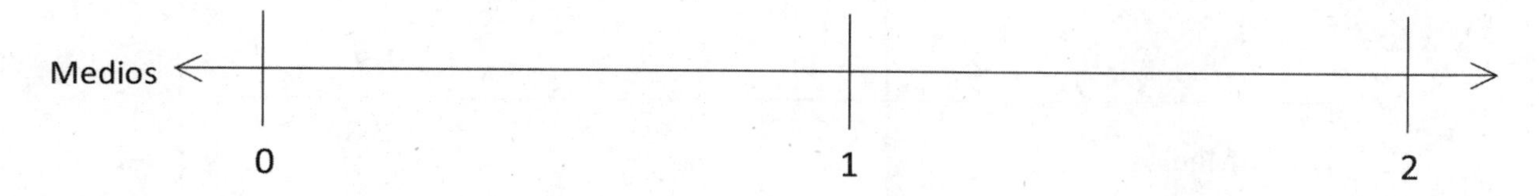

0 = _____ medios 1 = _____ medios 2 = _____ medos

$0 = \frac{}{2}$ $1 = \frac{}{2}$ $2 = \frac{4}{2}$

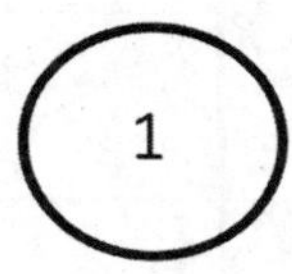

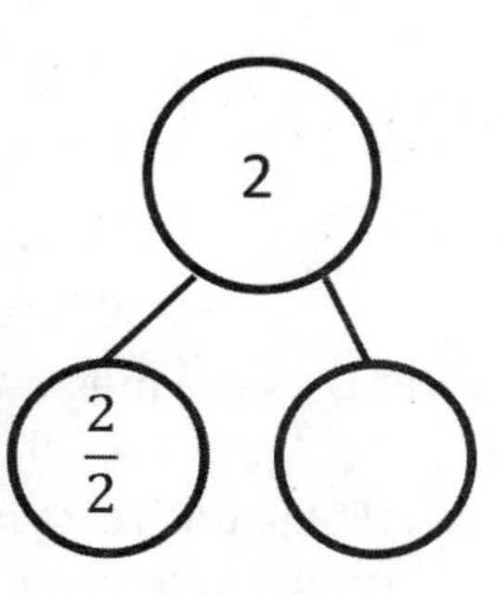

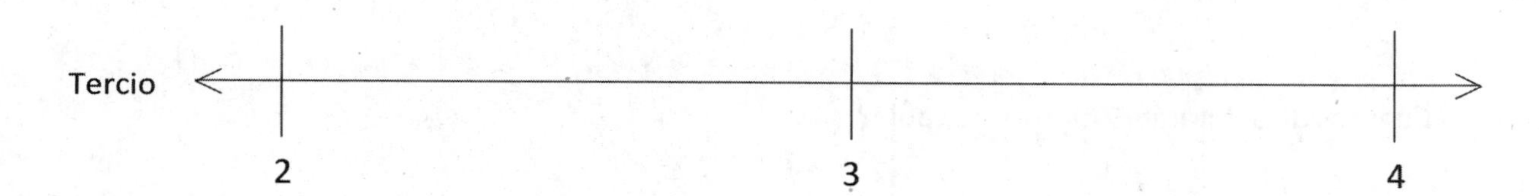

2 = _____ tercios 3 = _____ tercios 4 = _____ tercios

$2 = \frac{}{3}$ $3 = \frac{}{3}$ $4 = \frac{}{3}$

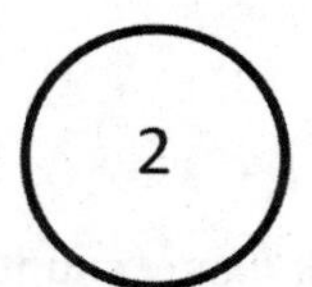

3

2. Escribe las fracciones que nombran los números enteros para cada unidad fraccionaria. El primer ejemplo ya está resuelto.

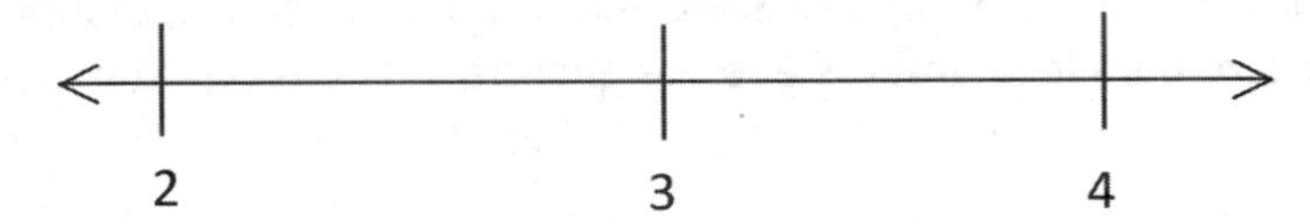

Medios	$\frac{4}{2}$	$\frac{6}{2}$	$\frac{8}{2}$
Tercios			
Cuartos			
Sextos			

3. Sammy usa $\frac{1}{4}$ metros de cable cada día para hacer cosas.

   a. Dibuja una recta numérica para representar 1 metro de cable. Divide la recta numérica para representar cuánto usa Sammy cada día. ¿Cuántos días dura el cable?

   b. ¿Cuántos días durarán 3 metros de cable?

4. Cindy le da $\frac{1}{3}$ libras de comida a su perro cada día.

   a. Dibuja una recta numérica para representar 1 libra de comida. Divide la recta numérica para representar cuánta comida usa ella cada día.

   b. Dibuja otra recta numérica para representar 4 libras de comida. Después de 3 días, ¿cuántas libras de comida le ha dado a su perro?

   c. Después de 6 días, ¿cuántas libras de comida le ha dado a su perro?

Nombre ______________________________ Fecha ______________

Irene tiene 2 yardas de tela.

a. Dibuja una recta numérica para representar la longitud total de tela de Irene.

b. Irene corta la tela en trozos de $\frac{1}{5}$ yardas de largo. Divide la recta numérica para mostrar sus cortes.

c. ¿Cuántos trozos de $\frac{1}{5}$ yardas cortó en total? Usa vínculos numéricos con copias de enteros para poder explicar.

La rama de un árbol mide 2 metros de largo. Mónica corta la rama para hacer leña. Corta troncos de $\frac{1}{6}$ metros de largo. Dibuja una recta numérica para mostrar el largo total de la rama. Divide e identifica cada uno de los cortes que hizo Mónica.

a. ¿Cuántos troncos tiene Mónica en total?

b. Escribe 2 fracciones equivalentes para describir la longitud total de la rama de Mónica.

Lee **Dibuja** **Escribe**

Nombre ______________________________ Fecha ______________

1. Usa la imagen para representar fracciones equivalentes. Llena los espacios en blanco y responde las preguntas.

4 sextos equivalen a ____ tercios.

$$\frac{4}{6} = \frac{}{3}$$

El entero permanece igual.

¿Qué le pasó al tamaño de las partes iguales cuando había menos partes iguales?

¿Qué le pasó a la cantidad de partes iguales cuando las partes iguales aumentaron?

1 medio equivale a ____ octavos.

$$\frac{1}{2} = \frac{}{8}$$

El entero permanece igual.

¿Qué le pasó al tamaño de las partes iguales cuando había más partes guales?

¿Qué le pasó a la cantidad de partes iguales cuando las partes iguales se redujeron?

2. 6 amigos quieren compartir 3 barras de chocolate del mismo tamaño. Estas están representadas por los 3 rectángulos abajo. Al abrir las barras, los amigos notan que la primera barra de chocolate está cortada en 2 partes iguales, la segunda está cortada en 4 partes iguales y la tercera está cortada en 6 partes iguales. ¿Cómo pueden los 6 amigos compartir las barras de chocolate equitativamente sin quebrar ninguna de las piezas?

3. Cuando el entero es el mismo, ¿por qué son necesarias 6 copias de 1 octavo para equivaler a 3 copias de 1 cuarto? Dibuja un modelo para respaldar tu respuesta.

4. Cuando el entero es el mismo, ¿cuántos sextos son necesarios para llegar a 1 tercio? Dibuja un modelo para respaldar tu respuesta.

5. Tienes una varita mágica que duplica la cantidad de partes iguales pero que mantiene el entero el mismo tamaño. Usa tu varita mágica. Dibuja en el siguiente espacio lo que sucede a un rectángulo dividido en cuartos después de tocarlo con tu varita. Usa palabras y números para explicar lo que pasó.

Nombre ______________________________ Fecha ______________

1. Resuelve.

2 tercios equivalen a _____ doceavos.

$$\frac{2}{3} = \frac{\quad}{12}$$

2. Dibuja e identifica dos modelos que muestren fracciones equivalentes a las del Problema 1.

3. Usa palabras para explicar por qué las dos fracciones en el Problema 1 son iguales.

LaTonya tiene 2 hotdogs del mismo tamaño. Cortó el primero en tercios durante el almuerzo. Después, cortó el segundo para hacer el doble de trozos. Dibuja un modelo de los hotdogs de LaTonya.

a. ¿En cuántos trozos está cortado el segundo hotdog?

b. ¿Si ella quiere comer $\frac{2}{3}$ del hotdog, ¿cuántas piezas debe comer?

Lee **Dibuja** **Escribe**

Nombre ______________________________ Fecha ________________

Sombrea los modelos para comparar las fracciones. Encierra en un círculo la fracción mayor de cada problema.

1. 2 quintos

   2 tercios

2. 2 décimos

   2 octavos

3. 3 cuartos

   3 octavos

4. 4 octavos

   4 sextos

5. 3 tercios

   3 sextos

6. Después de jugar softball, Leslie y Kelly compran ambas una botella de agua de medio litro para cada una. Leslie toma 3 cuartos de su agua. Kelly toma 3 quintos de su agua. ¿Cuál de ellas bebe la menor cantidad de agua? Dibuja una imagen para respaldar tu respuesta.

7. Becky y Malory reciben alcancías iguales. Becky llena $\frac{2}{3}$ de su alcancía con monedas de 1 centavo (pennies). Malory llena $\frac{2}{4}$ de su alcancía con monedas de 1 centavo ¿Cuál alcancía tiene más monedas de 1 centavo? Haz un dibujo para respaldar tu respuesta.

8. Heidi pone en fila sus muñecas en orden de la más pequeña a la más alta. La muñeca A mide $\frac{2}{4}$ pies de alto, la muñeca B mide $\frac{2}{6}$ pies de alto y la muñeca C mide $\frac{2}{3}$ pies de alto. Compara las estaturas de las muñecas para mostrar cómo es que Heidi las coloca en orden. Dibuja una imagen para justificar tu respuesta.

Nombre ______________________________ Fecha ____________________

1. Sombrea los modelos para comparar las fracciones.

2 tercios

2 octavos

¿Cuál es mayor, 2 tercios o 2 octavos? ¿Por qué? Usa palabras para explicar.

2. Dibuja un modelo para cada fracción. Encierra en un círculo la fracción menor.

3 séptimos

3 cuartos

Catherine y Diana compran álbumes de recortes iguales. Catherine decora $\frac{5}{9}$ de las páginas de su álbum. Diana decora $\frac{5}{6}$ de las páginas de su álbum. ¿Quién ha decorado más páginas en su álbum? Haz un dibujo para respaldar tu respuesta.

Lee **Dibuja** **Escribe**

Nombre ______________________________ Fecha ______________

Identifica cada fracción sombreada. Usa >, < o = para comparar. El primer ejercicio ya está resuelto.

1.

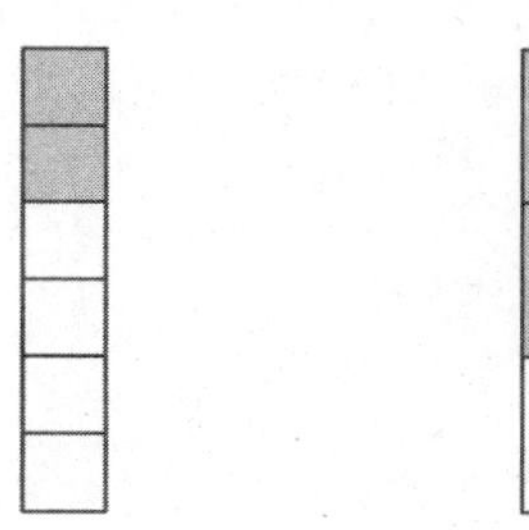

$\frac{2}{6}$ < $\frac{2}{3}$

2.

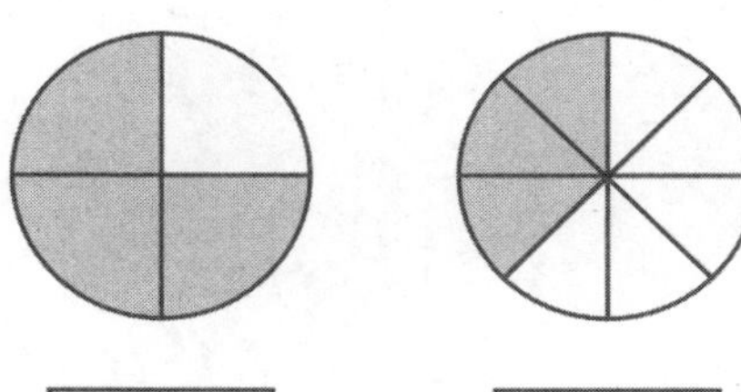

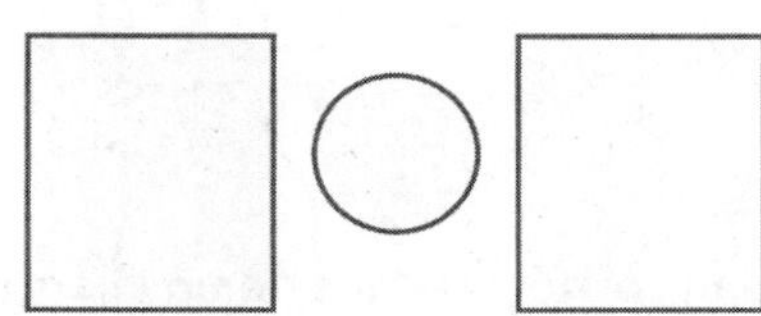

3.

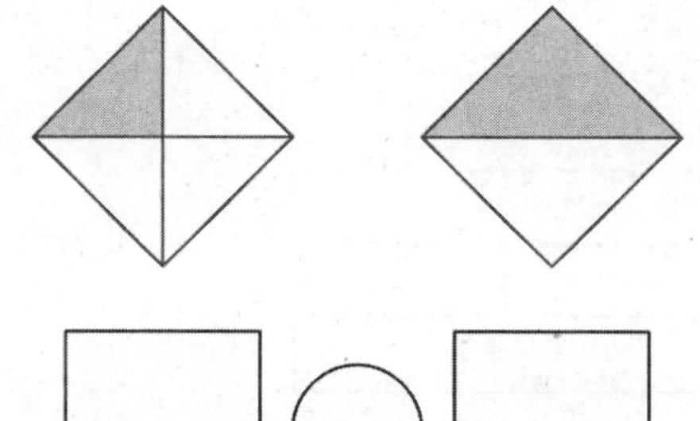

4.

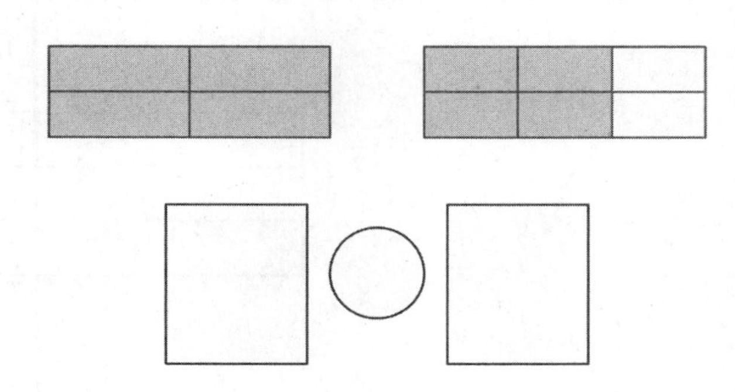

5. Divide cada recta numérica en las unidades identificadas a la derecha. Después, usa las rectas numéricas para comparar las fracciones.

medio
0 1

cuartos
0 1

octavos
0 1

a. $\frac{3}{8}$ ◯ $\frac{3}{4}$

b. $\frac{4}{4}$ ◯ $\frac{4}{8}$

c. $\frac{2}{4}$ ◯ $\frac{2}{8}$

Dibuja tu propio modelo para comparar las siguientes fracciones.

6. $\frac{3}{10}$ ◯ $\frac{3}{5}$

7. $\frac{2}{6}$ ◯ $\frac{2}{8}$

8. Juan corrió 2 tercios de un kilómetro después de la escuela. Nicolás corrió 2 quintos de un kilómetro después de la escuela. ¿Quién corrió la distancia más corta? Usa el modelo de abajo para justificar tu respuesta. Asegúrate de identificar 1 entero como 1 kilómetro.

9. Erika se comió 2 novenos de un bastón de regaliz. Robbie se comió 2 quintos de un bastón de regaliz idéntico. ¿Quién comió más? Usa el modelo de abajo para justificar tu respuesta.

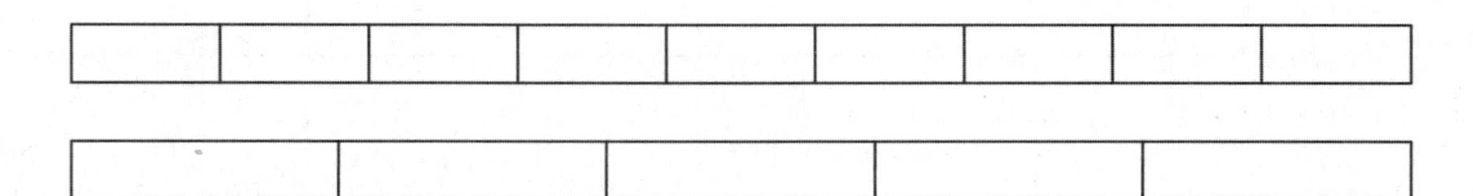

Nombre ______________________________ Fecha ________________

1. Completa el enunciado numérico escribiendo >, < o =.

$\frac{3}{5}$ ________ $\frac{3}{9}$

2. Dibuja 2 rectas numéricas con 0 y 1 a los extremos para mostrar cada fracción en el Problema 1. Usa las rectas numéricas para explicar cómo sabes que tu comparación para el Problema 1 es correcta.

papel rayado

3.er grado
Módulo 6

Damien dobla una tira de papel en 6 partes iguales. Sombrea 5 de las partes iguales y luego corta 2 partes sombreadas. Explica tu razonamiento sobre la fracción que no está sombreada.

Lee **Dibuja** **Escribe**

Nombre ______________________________ Fecha ____________

1. "¿Cuál es tu color favorito?". Haz una encuesta en el grupo para completar la tabla de conteo a continuación.

Colores favoritos	
Color	**Total de estudiantes**
Verde	
Amarillo	
Rojo	
Azul	
Naranja	

2. Usa la tabla de conteo para contestar las siguientes preguntas.

   a. ¿Cuántos estudiantes eligieron el naranja como su color favorito?

   b. ¿Cuántos estudiantes eligieron el amarillo como su color favorito?

   c. ¿Cuál color eligieron más los estudiantes? ¿Cuántos estudiantes lo eligieron?

   d. ¿Cuál color eligieron menos los estudiantes? ¿Cuántos estudiantes lo eligieron?

   e. ¿Cuál es la diferencia entre el número de estudiantes en las Partes (c) y (d)? Escribe un enunciado numérico para mostrar tu razonamiento.

   f. Escribe una ecuación que muestre el número total de estudiantes encuestados en esta tabla.

3. Usa la tabla de conteo en el Problema 1 para completar las gráficas de imágenes a continuación.

a.

Colores favoritos				
Verde	**Amarillo**	**Rojo**	**Azul**	**Naranja**
Cada ♡ representa 1 estudiante.				

b.

Colores favoritos				
Verde	**Amarillo**	**Rojo**	**Azul**	**Naranja**
Cada ♡ representa 2 estudiantes.				

4. Usa la gráfica de imágenes en el Problema 3(b) para contestar las siguientes preguntas.

   a. ¿Qué representa cada ?

   b. Haz un dibujo y escribe un enunciado numérico para mostrar cómo representar a 3 estudiantes en tu gráfica de imágenes.

   c. ¿Cuántos estudiantes representa ? Escribe un enunciado numérico para mostrar cómo lo sabes.

   d. ¿Cuántos más dibujaste para el color que los estudiantes eligieron más que para el color que eligieron menos? Escribe un enunciado numérico para mostrar la diferencia entre el número de votos para el color que los estudiantes eligieron más que para el color que eligieron menos.

Nombre ______________________________ Fecha ______________

La gráfica de imágenes a continuación muestra los datos de una encuesta de los deportes favoritos de los estudiantes.

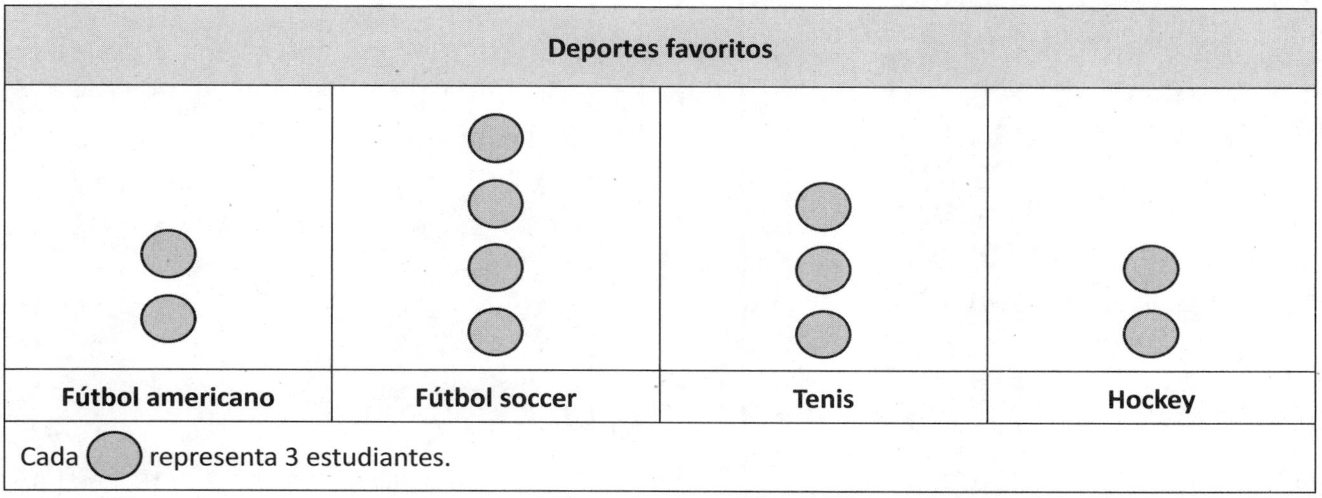

Deportes favoritos			
⬭ ⬭	⬭ ⬭ ⬭ ⬭	⬭ ⬭ ⬭	⬭ ⬭
Fútbol americano	**Fútbol soccer**	**Tenis**	**Hockey**
Cada ⬭ representa 3 estudiantes.			

a. El mismo número de estudiantes eligió __________ y __________ como su deporte favorito.

b. ¿Cuántos estudiantes escogieron el tenis como su deporte favorito?

c. ¿Cuántos estudiantes más escogieron el fútbol que el tenis? Usa un enunciado numérico para mostrar tu razonamiento.

d. ¿Cuál es el total de estudiantes encuestados?

Reisha jugó en tres partidos de baloncesto. Anotó 12 puntos en el Partido 1, 8 puntos en el Partido 2 y 16 puntos en el Partido 3. Cada canasta que anotó vale 2 puntos. Ella usa diagramas de cinta con un tamaño de unidad de 2 para representar los puntos que anotó en cada partido. ¿Cuántas unidades totales de 2 se necesitan para representar los puntos que anotó en los tres juegos?

____

____

____

____

Lee **Dibuja** **Escribe**

Nombre ______________________ Fecha ____________

1. Encuentra el número total de sellos que tiene cada estudiante. Dibuja diagramas de cinta con un tamaño de unidad de 4 para mostrar el número de sellos que tiene cada estudiante. El primer ejercicio ya está resuelto.

Dana

Tanisha

Raquel

Anna

Cada [sello] representa 1 sello.

Dana:

4	4	4	4

Tanisha:

Raquel:

Ana:

2. Explica cómo puedes crear diagramas de cinta verticales para mostrar estos datos.

3. Completa los diagramas de cinta verticales a continuación con los datos del Problema 1.

a.

4
4
4
4

Dana Tanisha Raquel Anna

b.

8
8

Dana Tanisha Raquel Anna

c. ¿Cuál es un buen título para los diagramas de cinta verticales?

d. ¿Cuántas unidades totales de 4 hay en los diagramas de cinta verticales en el Problema 3(a)?

e. ¿Cuántas unidades totales de 8 hay en los diagramas de cinta verticales en el Problema 3(b)?

f. Compara tus respuestas con las Partes (d) y (e). ¿Por qué la cantidad de unidades cambia?

g. Mattaeus mira los diagramas de cinta verticales en el Problema 3(b) y descubre el número total de sellos de Anna y Raquel escribiendo la ecuación: $7 \times 8 = 56$. Explica su razonamiento.

Nombre ______________________________ Fecha ______________

La tabla a continuación muestra una encuesta del tipo favorito de libro del club de libros.

Tipo de libro favorito del club de libros	
Tipo de libro	**Total de votos**
Misterio	12
Biografía	16
Fantasía	20
Ciencia ficción	8

a. Dibuja diagramas de cinta con un tamaño de unidad de 4 para representar el tipo de libro favorito del club de libros.

b. Usa tus diagramas de cinta para dibujar diagramas de cinta verticales que representen los datos.

Los diagramas de cinta verticales muestran la cantidad de peces en la tienda de mascotas de Sal.

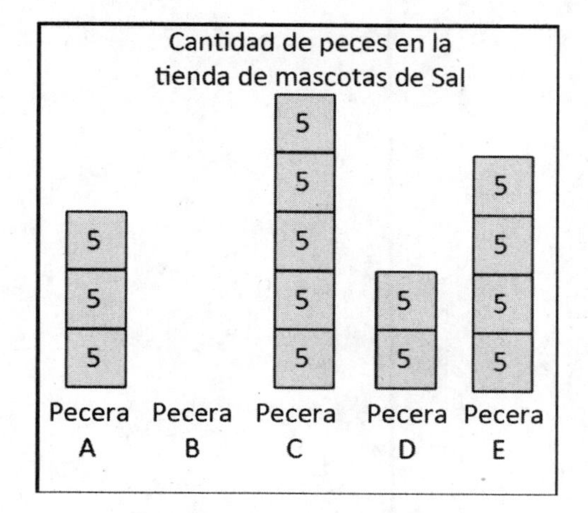

a. Averigua la cantidad total de peces en la Pecera C. Muestra tu trabajo.

b. La Pecera B tiene un total de 30 peces. Dibuja el diagrama de cinta de la Pecera B.

Lee **Dibuja** **Escribe**

c. ¿Cuántos peces más hay en la Pecera B que en las Peceras A y D combinadas?

Lee **Dibuja** **Escribe**

Nombre ______________________________ Fecha ______________

1. Esta tabla muestra el total de estudiantes en cada grupo.

Total de estudiantes en cada clase	
Clase	Total de estudiantes
Cocina	9
Deportes	16
Coro	13
Teatro	18

Usa la tabla para colorear la gráfica de barras. La primera ya está hecha.

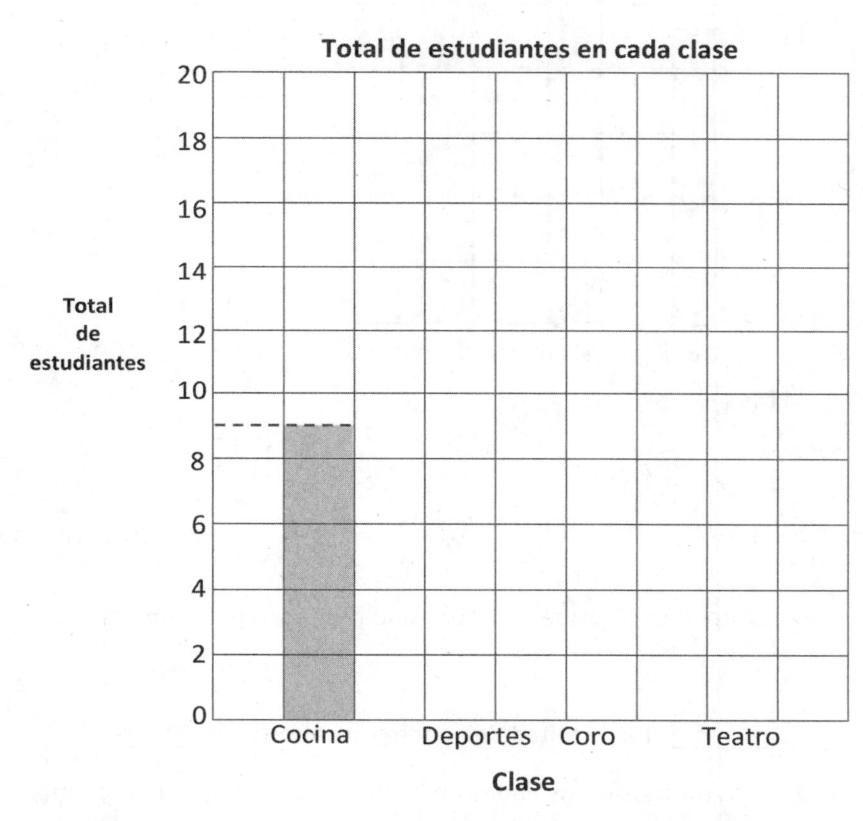

a. ¿Cuál es el valor de cada cuadrado en la gráfica de barras?

b. Escribe un enunciado numérico para mostrar cuántos estudiantes en total están inscritos en clases.

c. ¿Cuántos estudiantes menos hay en deportes que en coro y cocina combinados? Escribe un enunciado numérico para mostrar tu razonamiento.

2. Esta gráfica de barras muestra los ahorros de Kyle de febrero a junio. Usa una regla para ayudarte a leer la gráfica.

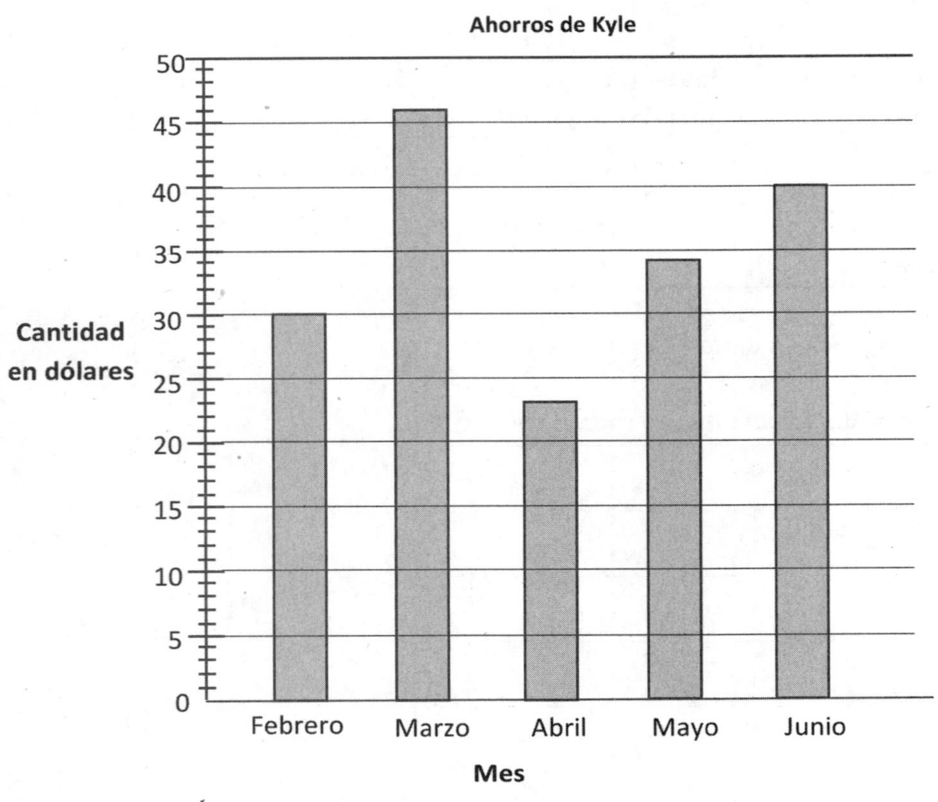

a. ¿Cuánto dinero ahorró Kyle en mayo?

b. ¿En qué meses Kyle ahorró menos de $35?

c. ¿Cuánto más ahorró Kyle en junio que en abril? Escribe un enunciado numérico para mostrar tu razonamiento.

d. El dinero que Kyle ahorró en ______________ fue la mitad del dinero que ahorró en ______________ .

3. Completa la siguiente tabla para mostrar los mismos datos dados en la gráfica de barras del Problema 2.

Meses	Febrero				
Cantidad ahorrada en dólares					

Esta gráfica de barras muestra el número de minutos que Charlotte leyó de lunes a viernes.

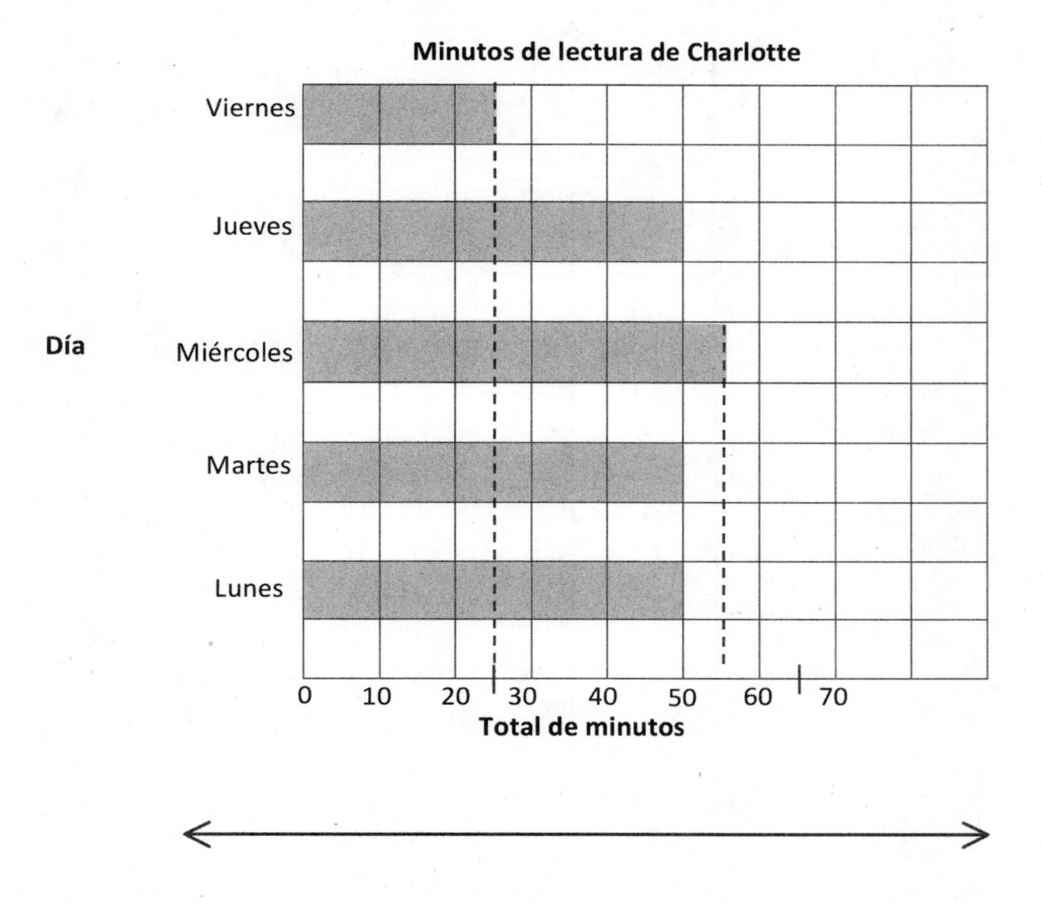

4. Usa las líneas de la gráfica como regla para dibujar los intervalos en la recta numérica de arriba. Después, grafica e identifica un punto para cada día en la recta numérica.

5. Usa la gráfica o recta numérica para responder las siguientes preguntas.

   a. ¿En qué días Charlotte leyó la misma cantidad de minutos? ¿Cuántos minutos leyó Charlotte en esos días?

   b. ¿Cuántos minutos más leyó Charlotte el miércoles que el viernes?

Nombre ______________________________ Fecha ____________________

La siguiente gráfica de barras muestra el sabor de helado favorito de los estudiantes.

Sabores de helado favoritos

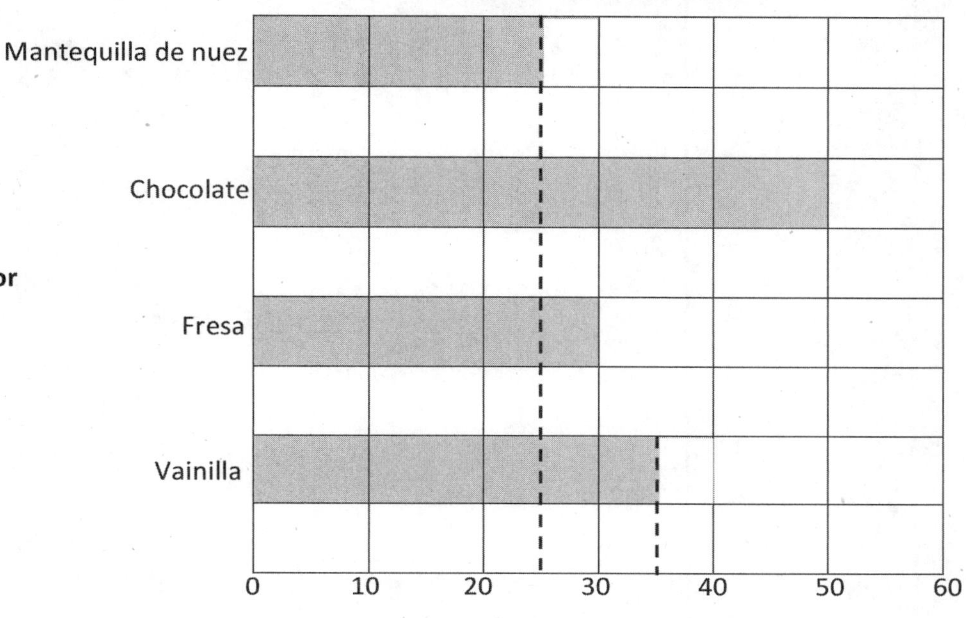

a. Usa las líneas de la gráfica como regla para dibujar intervalos en la recta numérica de arriba. Después, grafica e identifica un punto para cada sabor de la recta numérica.

b. Escribe un enunciado numérico para mostrar el total de estudiantes que votaron por mantequilla de nuez, vainilla y chocolate.

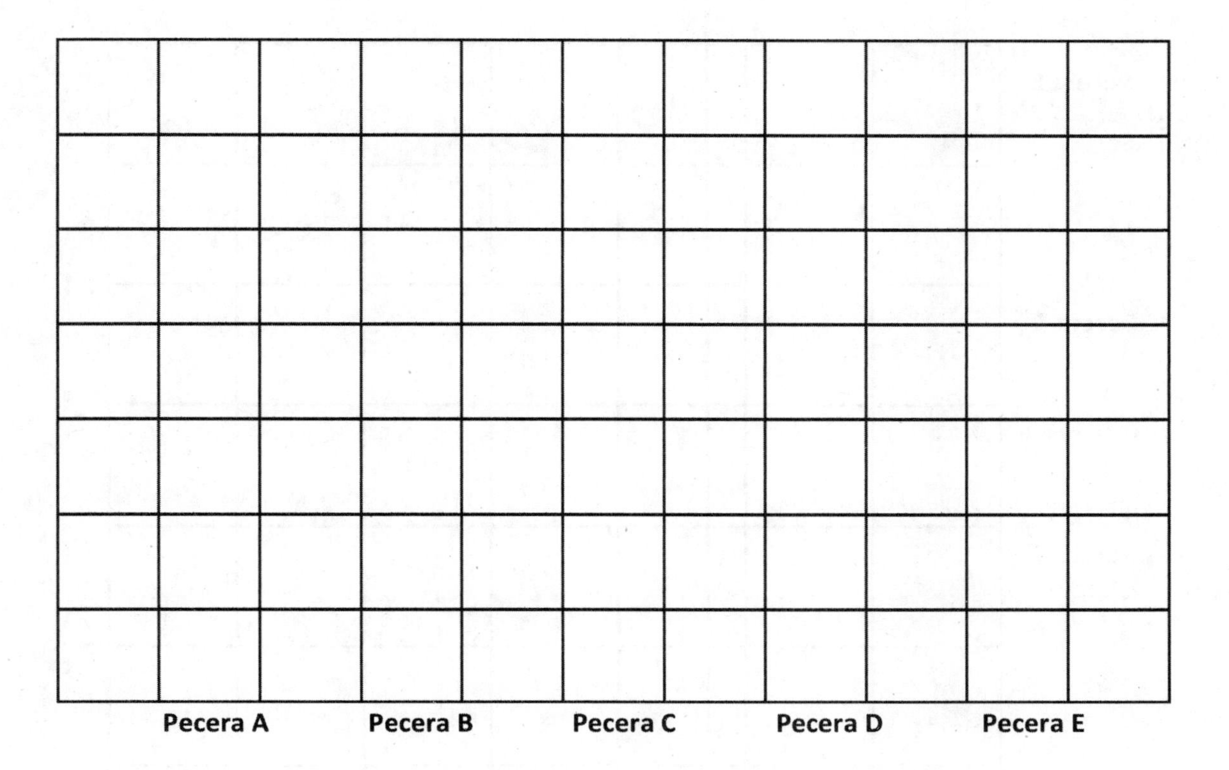

gráfica A

Número de peces en la tienda de mascotas de Sal

Pecera E							
Pecera D							
Pecera C							
Pecera B							
Pecera A							

Pecera

Número de peces

←——————————————————————→

____

gráfica B

La siguiente tabla muestra la cantidad de veces que las alas de un insecto vibran por segundo. Usa las siguientes pistas para completar las incógnitas en la tabla.

Vibraciones de alas de insectos	
Insecto	**Total de vibraciones de alas por segundo**
Abeja	350
Escarabajo	b
Mosca	550
Mosquito	m

a. La cantidad de vibraciones de las alas del escarabajo es igual a la diferencia entre la de la mosca y la abeja.

b. La cantidad de vibraciones de las alas del mosquito equivale a 50 menos que la de la abeja y la mosca combinadas.

Lee **Dibuja** **Escribe**

Nombre ______________________________ Fecha ______________

1. La siguiente tabla muestra el número de revistas vendidas por cada estudiante.

Estudiante	Ben	Rachel	Jeff	Stanley	Debbie
Revistas vendidas	300	250	100	450	600

a. Usa la tabla para dibujar una gráfica de barras a continuación. Crea una escala adecuada para la gráfica.

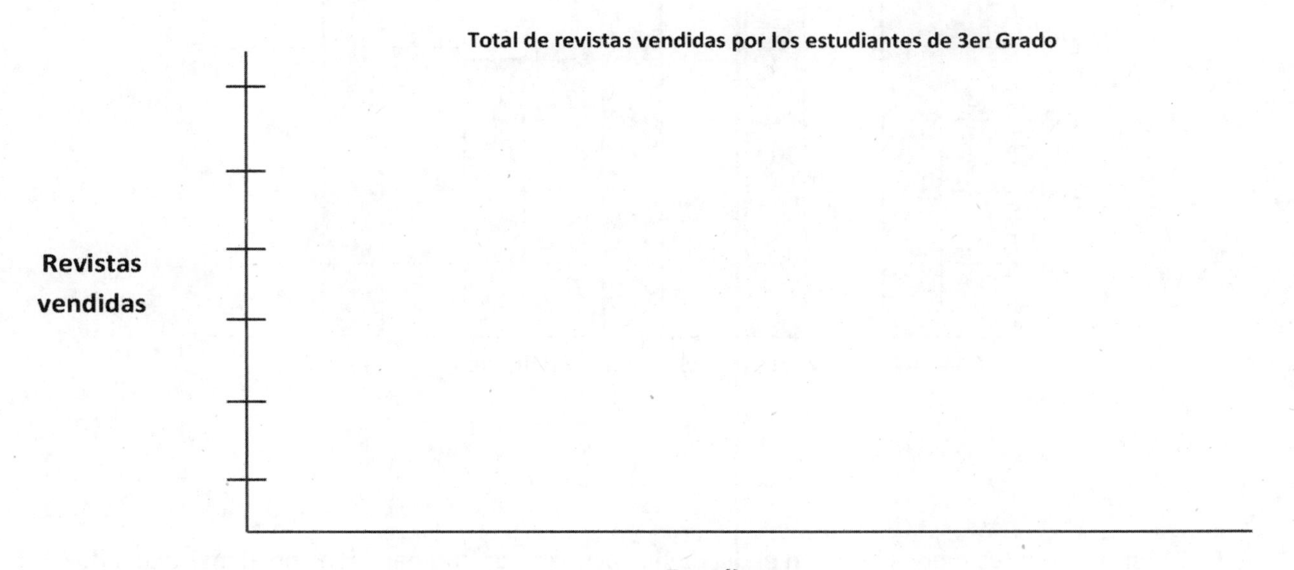

b. Explica por qué elegiste la escala para la gráfica.

c. ¿Cuántas revistas menos vendió Debbie que Ben y Stanley juntos?

d. ¿Cuántas revistas más vendieron Debbie y Jeff que Ben y Rachel?

2. La gráfica de barras muestra el número de visitantes a un carnaval de lunes a viernes.

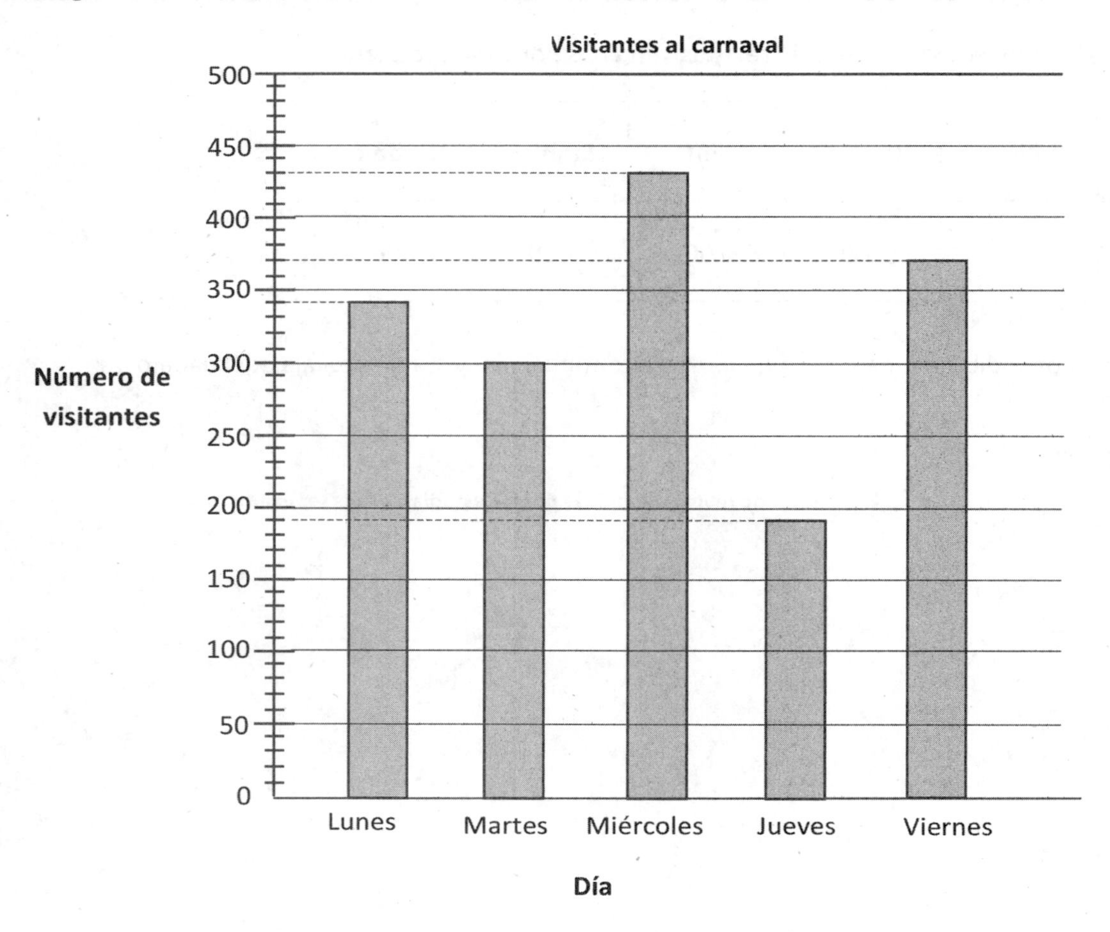

a. ¿Cuántos visitantes menos hubo en el día menos ocupado en comparación con el más ocupado?

b. ¿Cuántos visitantes más fueron al carnaval el lunes y martes combinados que el jueves y viernes combinados?

Nombre ______________________________ Fecha ________________

La gráfica a continuación muestra el número de libros prestados de la biblioteca en cinco días.

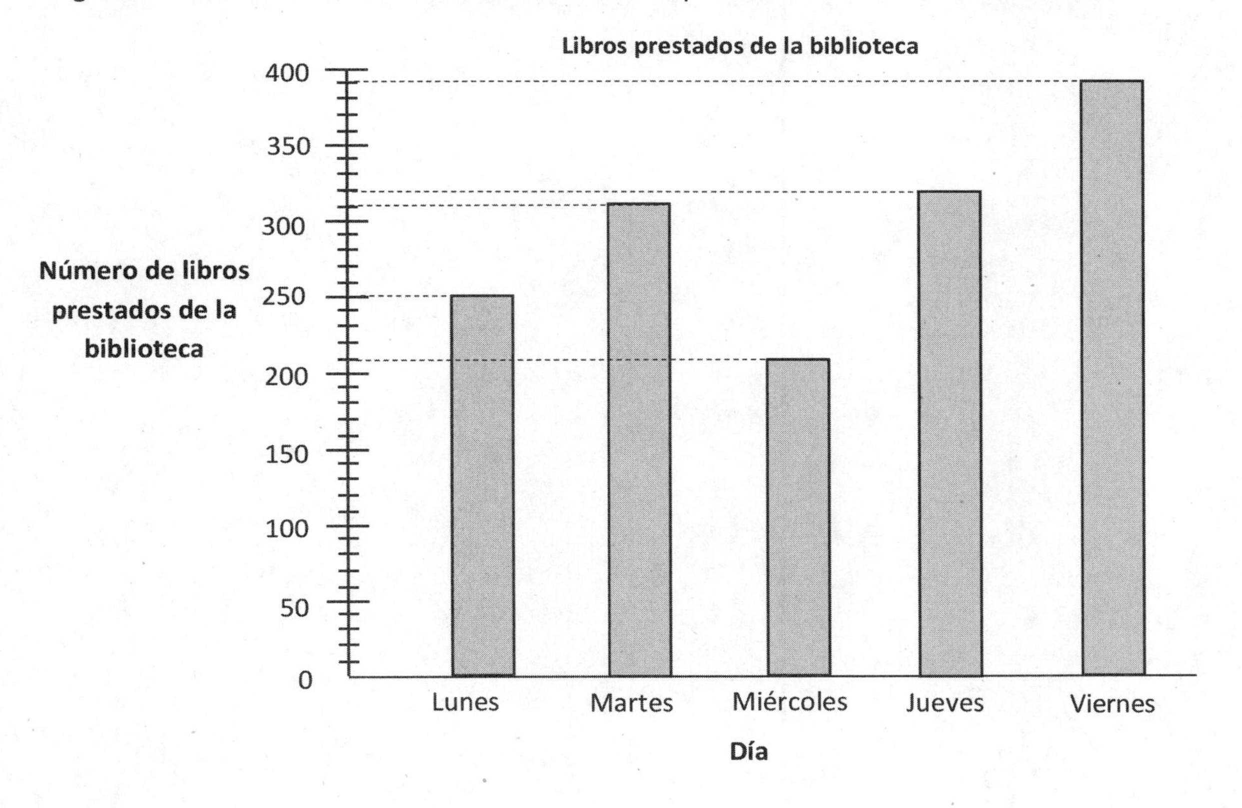

c. ¿Cuántos libros en total se prestaron el miércoles y jueves?

d. ¿Cuántos libros más se prestaron el jueves y viernes en comparación con el lunes y martes?

____

gráfica

Nombre ______________________________ Fecha ________________

1. Usa la regla que hiciste para medir las pajillas de otro compañero hasta la pulgada, $\frac{1}{4}$ de pulgada y $\frac{1}{2}$ pulgada más cercana. Escribe las medidas en la siguiente tabla. Dibuja una estrella junto a las medidas que sean exactas.

Dueño de la pajilla	**Medida hasta la pulgada más cercana**	**Medida hasta la $\frac{1}{2}$ pulgada más cercana**	**Medida hasta el $\frac{1}{4}$ de pulgada más cercano**
Mi pajilla			

a. La pajilla de __________ es la más corta que medí. Mide __________ pulgada(s).

b. La pajilla de __________ es la más larga que medí. Mide __________ pulgadas.

c. Elige la pajilla de tu tabla que mediste con más precisión con los intervalos de $\frac{1}{4}$ de pulgada de tu regla. ¿Cómo sabes qué intervalos de $\frac{1}{4}$ de pulgada son los más adecuados para medir esta pajilla?

2. Jenna marca una tira de papel de 5 pulgadas en partes iguales como se muestra abajo.

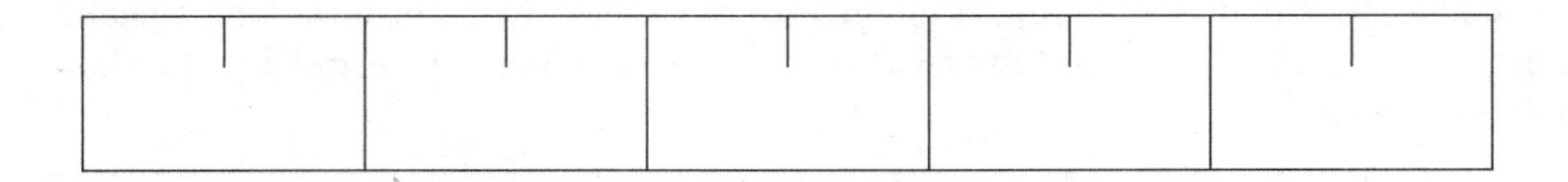

a. Identifica las pulgadas completas y medias pulgadas en la cinta de papel.

b. Calcula para dibujar las marcas de $\frac{1}{4}$ de pulgadas en la cinta de papel. Después, llena los espacios en blanco.

1 pulgada es igual a _______ medias pulgadas.

1 pulgada es igual a _______ cuartos de pulgada.

1 media pulgada es igual a _______ cuartos de pulgada.

c. Describe cómo Jenna podría usar su cinta de papel para medir un objeto más largo que 5 pulgadas.

3. Sari dice que su lápiz mide 8 medias pulgadas. Bart no está de acuerdo y dice que mide 4 pulgadas. Explícale a Bart por qué las dos medidas son las mismas en el espacio de abajo. Usa palabras, imágenes o números.

Nombre ______________________________________ Fecha ____________________

Davon marca una tira de papel de 4 pulgadas en partes iguales como se muestra abajo.

a. Identifica las pulgadas completas y cuartos de pulgada en la cinta de papel.

b. Davon le dice a su maestro que su tira de papel mide 4 pulgadas. Sandra dice que mide 16 cuartos de pulgada. Explica cómo las dos medidas son iguales. Usa palabras, imágenes o números.

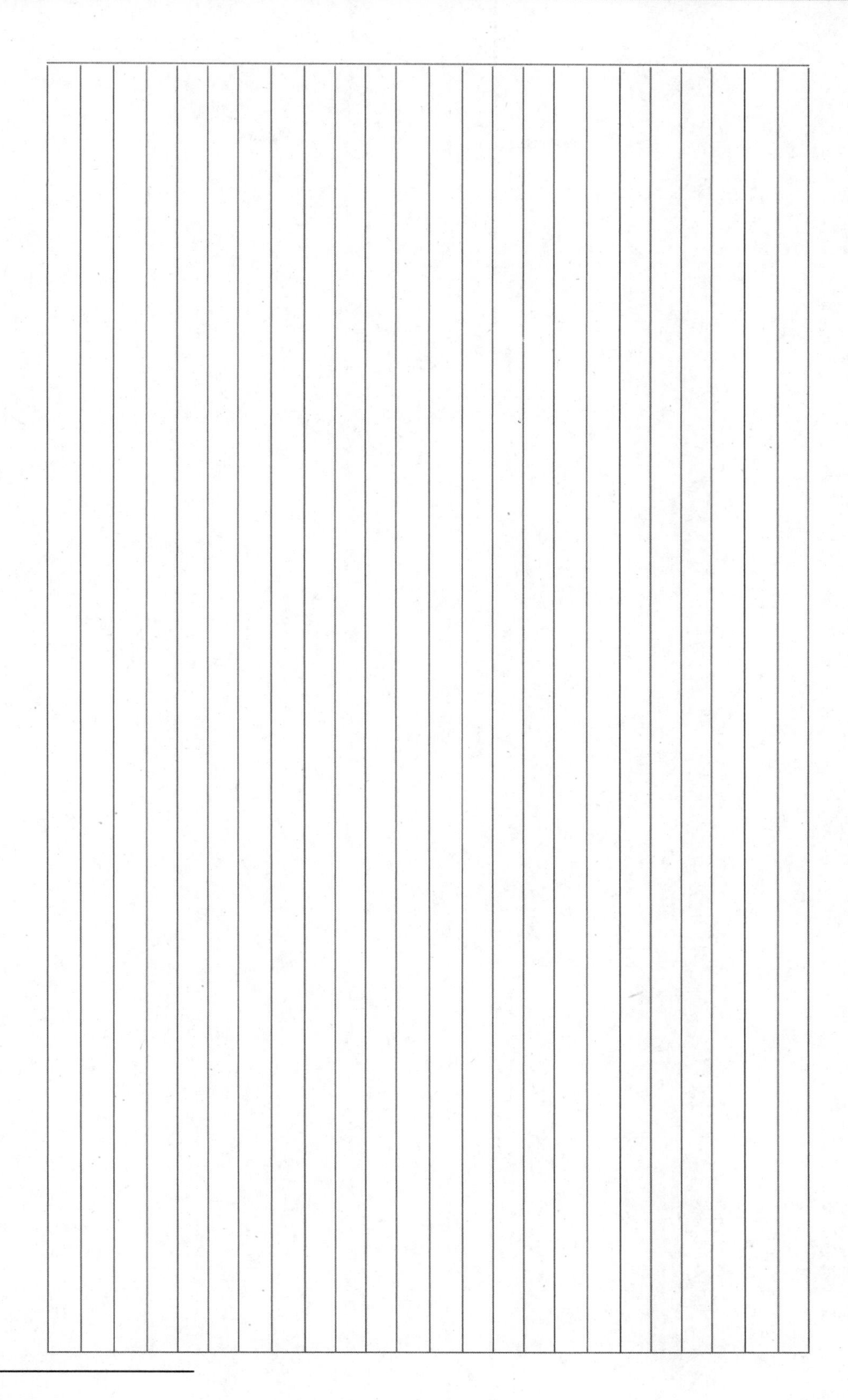

papel rayado

Katelynn mide la altura de su planta de frijol el lunes y de nuevo el viernes. Dice que su planta de frijol creció 10 cuartos de pulgada. Su compañero registra $2\frac{1}{2}$ pulgadas en su tabla de crecimiento para la semana. ¿Su compañero está en lo correcto? ¿Por qué sí o por qué no?

Lee **Dibuja** **Escribe**

Nombre ______________________________ Fecha ______________

1. El entrenador Harris mide en pulgadas las estaturas de los niños en su equipo de baloncesto de tercer grado.
   Las estaturas se muestran en el diagrama de puntos a continuación.

Estaturas de los niños del equipo de baloncesto de tercer grado

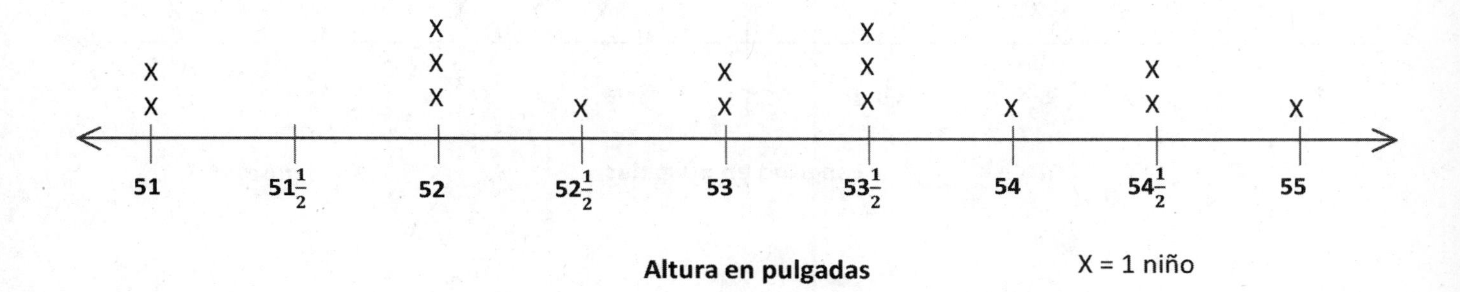

Altura en pulgadas X = 1 niño

a. ¿Cuántos niños hay en el equipo? ¿Cómo lo sabes?

b. ¿Cuántos niños miden menos de 53 pulgadas?

c. El entrenador Harris dice que la estatura más común en los niños de su equipo es de $53\frac{1}{2}$ pulgadas. ¿Está en lo correcto? Justifica tu respuesta.

d. El entrenador Harris dice que el jugador que hace el tiro de entrada al comienzo del juego tiene que medir al menos 54 pulgadas de alto. ¿Cuántos niños podrían hacer el tiro de entrada?

2. El grupo de la Srta. Vernier está estudiando gusanos. Las longitudes de los gusanos en pulgadas se muestran en el diagrama de puntos a continuación.

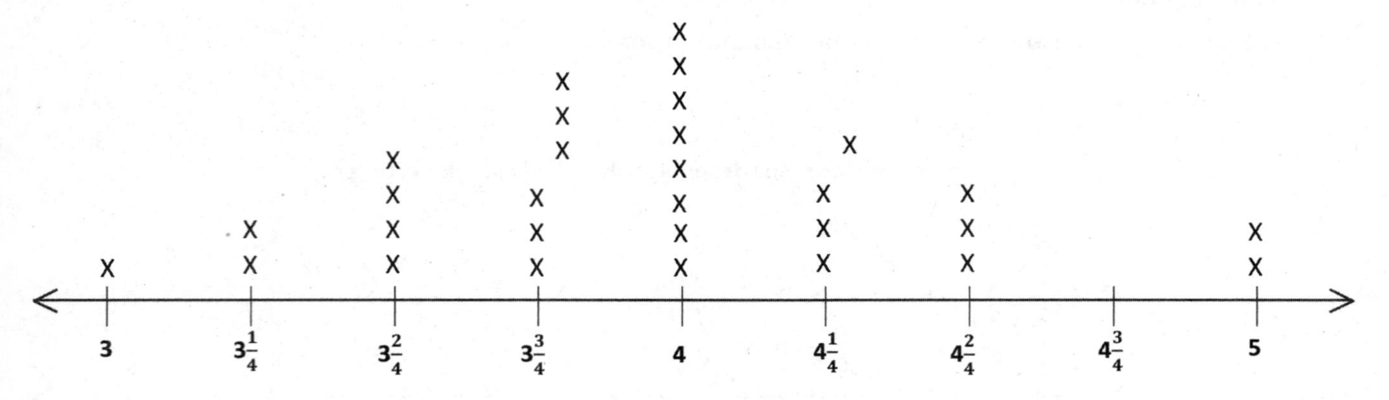

a. ¿Cuántos gusanos midió el grupo? ¿Cómo lo sabes?

b. Cara dice que hay más gusanos de $3\frac{3}{4}$ pulgadas de largo que gusanos de $3\frac{2}{4}$ y $4\frac{1}{4}$ pulgadas de largo combinados. ¿Está en lo correcto? Justifica tu respuesta.

c. Madeline encuentra un gusano escondido debajo de una hoja. Lo mide y tiene $4\frac{3}{4}$ pulgadas de largo. Grafica la longitud del gusano en el diagrama de puntos.

Nombre ______________________________ Fecha ________________

La Srta. Bravo mide las longitudes de las manos de sus alumnos de tercer grado en pulgadas. Las longitudes se muestran en el diagrama de puntos a continuación.

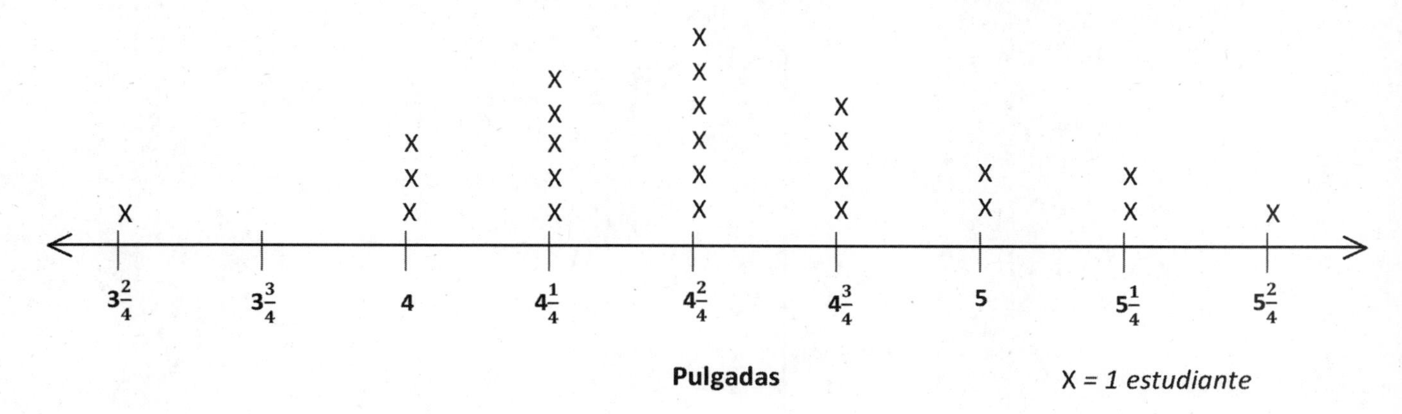

a. ¿Cuántos estudiantes hay en el grupo de la Srta. Bravo? ¿Cómo lo sabes?

b. ¿Cuántas manos de los estudiantes miden más de $4\frac{2}{4}$ pulgadas?

c. Darren dice que más manos de los estudiantes miden $4\frac{2}{4}$ pulgadas de largo que 4 y $5\frac{1}{4}$ pulgadas combinadas. ¿Está en lo correcto? Justifica tu respuesta.

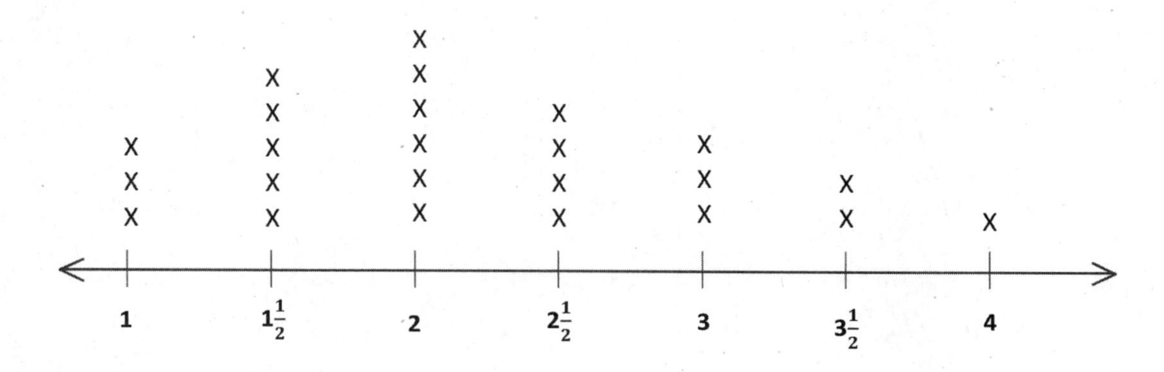

diagrama de puntos de tiempo afuera

La tabla muestra las longitudes de las pajillas medidas en el grupo del Sr. Han.

Longitudes de las pajillas (en pulgadas)				
3	4	$4\frac{1}{2}$	$2\frac{3}{4}$	$3\frac{3}{4}$
$3\frac{3}{4}$	$4\frac{1}{2}$	$3\frac{1}{4}$	4	$4\frac{3}{4}$
$4\frac{1}{4}$	5	3	$3\frac{1}{2}$	$4\frac{1}{2}$
$4\frac{1}{2}$	4	$3\frac{1}{4}$	5	$4\frac{1}{4}$

a. ¿Cuántas pajillas se midieron? Explica cómo lo sabes.

b. ¿Cuál es la medida más pequeña en la tabla? ¿Y la más grande?

Lee Dibuja Escribe

c. ¿Las pajillas se midieron a la pulgada mas cercana? ¿Cómo lo sabes?

Lee **Dibuja** **Escribe**

Nombre ______________________________　　Fecha ______________

El grupo de la Srta. Weisse cultiva frijoles para un experimento de ciencia. Los estudiantes miden la altura de sus plantas de frijol hasta el $\frac{1}{4}$ de pulgada más cercano y escriben las medidas como se muestra a continuación.

Altura de las plantas de frijol (en pulgadas)				
$2\frac{1}{4}$	$2\frac{3}{4}$	$3\frac{1}{4}$	$1\frac{3}{4}$	$1\frac{3}{4}$
$1\frac{3}{4}$	3	$2\frac{1}{2}$	$3\frac{1}{4}$	$2\frac{1}{2}$
2	$2\frac{1}{4}$	3	$2\frac{1}{4}$	3
$2\frac{1}{2}$	$3\frac{1}{4}$	$1\frac{3}{4}$	$2\frac{3}{4}$	2

a. Usa los datos para completar el diagrama de puntos a continuación.

Título: ______________________________

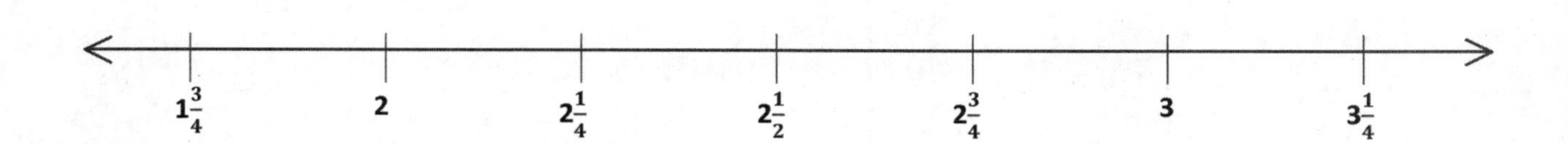

Etiqueta: ______________________　　X =

b. ¿Cuántas plantas de frijol miden al menos $2\frac{1}{4}$ de pulgadas de alto?

c. ¿Cuántas plantas de frijol miden más de $2\frac{3}{4}$ de pulgadas?

d. ¿Cuál es la medida más frecuente? ¿Cuántas plantas de frijol se graficaron para esta medición?

e. George dice que la mayoría de las plantas de frijol miden al menos 3 pulgadas de alto. ¿Está en lo correcto? Justifica tu respuesta.

f. Savannah no vino el día que el grupo midió la altura de sus plantas de frijol. Cuando regresa, su planta mide $2\frac{2}{4}$ de pulgadas de alto. ¿Puede Savannah graficar la altura de su planta de frijol en el diagrama de puntos de la clase? ¿Por qué sí o por qué no?

Nombre ______________________________ Fecha ________________

Los científicos miden el crecimiento de los ratones en pulgadas. Los científicos miden la longitud de sus ratones hasta el $\frac{1}{4}$ de pulgada más cercano y escriben las medidas como se muestra a continuación.

Medidas de los ratones (en pulgadas)				
$3\frac{1}{4}$	3	$3\frac{1}{4}$	$3\frac{3}{4}$	4
$3\frac{3}{4}$	3	$4\frac{1}{2}$	$4\frac{1}{2}$	$3\frac{3}{4}$
4	$4\frac{1}{4}$	4	$4\frac{1}{4}$	4

Identifica cada marca. Luego, escribe los datos en el diagrama de puntos a continuación.

Título: ______________________________

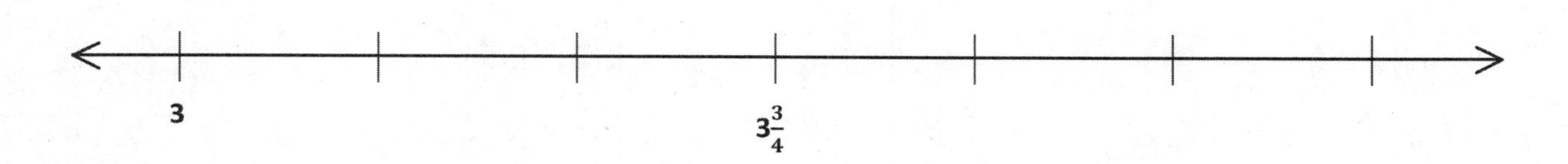

Etiqueta: ______________________________ X = 1 ratón

Longitudes de las pajillas (en pulgadas)				
3	4	$4\frac{1}{2}$	$2\frac{3}{4}$	$3\frac{3}{4}$
$3\frac{3}{4}$	$4\frac{1}{2}$	$3\frac{1}{4}$	4	$4\frac{3}{4}$
$4\frac{1}{4}$	5	3	$3\frac{1}{2}$	$4\frac{1}{2}$
$4\frac{3}{4}$	4	$3\frac{1}{4}$	5	$4\frac{1}{4}$

longitudes de las pajillas

El grupo de la Sra. Byrne está estudiando gusanos. Miden las longitudes de los gusanos al cuarto de pulgada más cercano. La longitud del gusano más pequeño es de $3\frac{3}{4}$ pulgadas. La longitud del gusano más largo es de $5\frac{2}{4}$ pulgadas. Kathleen dice que necesitan intervalos de 8 cuartos de pulgada para graficar las longitudes de los gusanos en un diagrama de puntos. ¿Está en lo correcto? ¿Por qué sí o por qué no?

____

____

____

____

Lee **Dibuja** **Escribe**

Nombre ______________________________ Fecha ______________

Delilah se detiene bajo un árbol de maple plateado y recoge hojas. En casa, mide el ancho de las hojas hasta el $\frac{1}{4}$ de pulgada más cercano y escribe las medidas a continuación.

Anchos de las hojas del árbol de maple plateado (en pulgadas)				
$5\frac{3}{4}$	6	$6\frac{1}{4}$	6	$5\frac{3}{4}$
$6\frac{1}{2}$	$6\frac{1}{4}$	$5\frac{1}{2}$	$5\frac{3}{4}$	6
$6\frac{1}{4}$	6	6	$6\frac{1}{2}$	$6\frac{1}{4}$
$6\frac{1}{2}$	$5\frac{3}{4}$	$6\frac{1}{4}$	6	$6\frac{3}{4}$
6	$6\frac{1}{4}$	6	$5\frac{3}{4}$	$6\frac{1}{2}$

a. Usa los datos para crear el diagrama de puntos a continuación.

b. Explica los pasos que tomaste para crear el diagrama de puntos.

c. ¿Cuántas hojas más medían 6 pulgadas de ancho que $6\frac{1}{2}$ pulgadas de ancho?

d. Encuentra las tres medidas más frecuentes en el diagrama de puntos. ¿Qué te dice esto acerca del ancho típico de la hoja de maple plateado?

Nombre ________________________ Fecha ____________

El diagrama de puntos muestra la longitud de los peces que el bote de pesca atrapó.

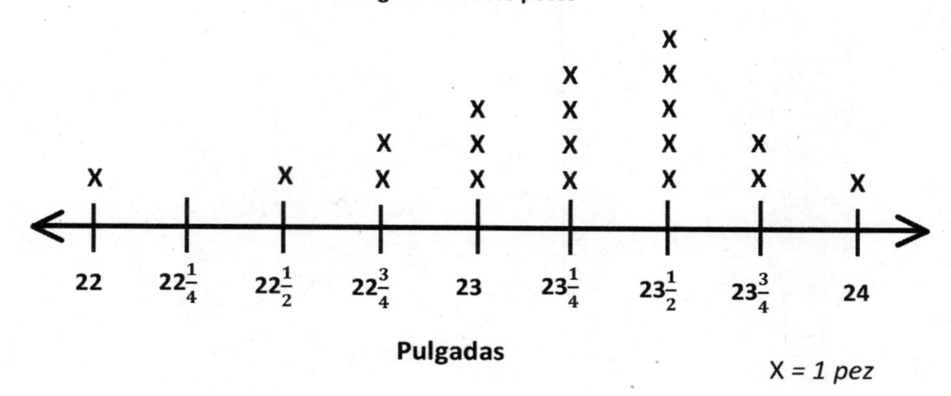

a. Encuentra las tres medidas más frecuentes en el diagrama de puntos.

b. Encuentra la diferencia entre las longitudes de los peces más largos y más cortos.

c. ¿Cuántos peces más midieron $23\frac{1}{4}$ de pulgadas de largo que los que midieron 24?

La Sra. Schaut mide la altura de los girasoles de su jardín. Las medidas se muestran en la tabla a continuación.

Altura de los girasoles (en pulgadas)				
61	63	62	61	$62\frac{1}{2}$
$61\frac{1}{2}$	$61\frac{1}{2}$	$61\frac{1}{2}$	62	60
64	62	$60\frac{1}{2}$	$63\frac{1}{2}$	61
63	$62\frac{1}{2}$	$62\frac{1}{2}$	64	$62\frac{1}{2}$
$62\frac{1}{2}$	$63\frac{1}{2}$	63	$62\frac{1}{2}$	$63\frac{1}{2}$
62	$62\frac{1}{2}$	62	63	$60\frac{1}{2}$

tabla de la altura de los girasoles

Marla crea un diagrama de puntos con una escala de media pulgada de 33 a 37 pulgadas. ¿Cuántas marcas debería tener su diagrama de puntos?

Lee **Dibuja** **Escribe**

Nombre ______________________________ Fecha ____________________

1. Cuatro niños salieron a recolectar manzanas. La tabla muestra el número de manzanas que los niños recolectaron.

Nombre	**Total de manzanas recolectadas**
Stewart	16
Roxanne	______
Trisha	12
Philip	20
	Total: 72

a. Encuentra el número de manzanas que Roxanne recolectó para completar la tabla.

b. Haz una gráfica de imágenes a continuación con los datos en la tabla.

Manzanas recolectadas

= ______ manzanas

Total de manzanas recolectadas

______ ______ ______ ______

Niño

2. Usa la tabla o la gráfica para contestar las siguientes preguntas.

   a. ¿Cuántas manzanas más recolectaron Stewart y Roxanne que Philip y Trisha?

   b. Trisha y Stewart combinan sus manzanas para hacer pasteles de manzana. Cada pastel lleva 7 manzanas. ¿Cuántos pasteles pueden hacer?

3. El grupo de ciencia de la Srta. Pacho midió la longitud de las briznas de pasto del campo de la escuela hasta el $\frac{1}{4}$ de pulgada más cercano. Las longitudes se muestran a continuación.

Longitudes de las briznas de pasto (en pulgadas)					
$2\frac{1}{4}$	$2\frac{3}{4}$	$3\frac{1}{4}$	3	$2\frac{1}{2}$	$2\frac{3}{4}$
$2\frac{3}{4}$	$3\frac{3}{4}$	2	$2\frac{3}{4}$	$3\frac{3}{4}$	$3\frac{1}{4}$
3	$2\frac{1}{2}$	$3\frac{1}{4}$	$2\frac{1}{4}$	$2\frac{3}{4}$	3
$3\frac{1}{4}$	$2\frac{1}{4}$	$3\frac{3}{4}$	3	$3\frac{1}{4}$	$2\frac{3}{4}$

a. Haz un diagrama de puntos de los datos del pasto. Explica tu elección de escala.

b. ¿Cuántas briznas de pasto se midieron? Explica cómo lo sabes.

c. ¿Cuál fue la longitud medida con mayor frecuencia en el diagrama de puntos? ¿Cuántas briznas de pasto tuvieron esta longitud?

d. ¿Cuántas briznas de pasto más midieron $2\frac{3}{4}$ de pulgadas que $3\frac{3}{4}$ de pulgadas y 2 pulgadas combinadas?

Nombre ______________________________ Fecha ______________

El grupo de ciencias del Sr. Gallagher va a observar aves. La siguiente gráfica de imágenes muestra el número de aves que el grupo observa.

Total de aves que observó el grupo del Sr. Gallagher

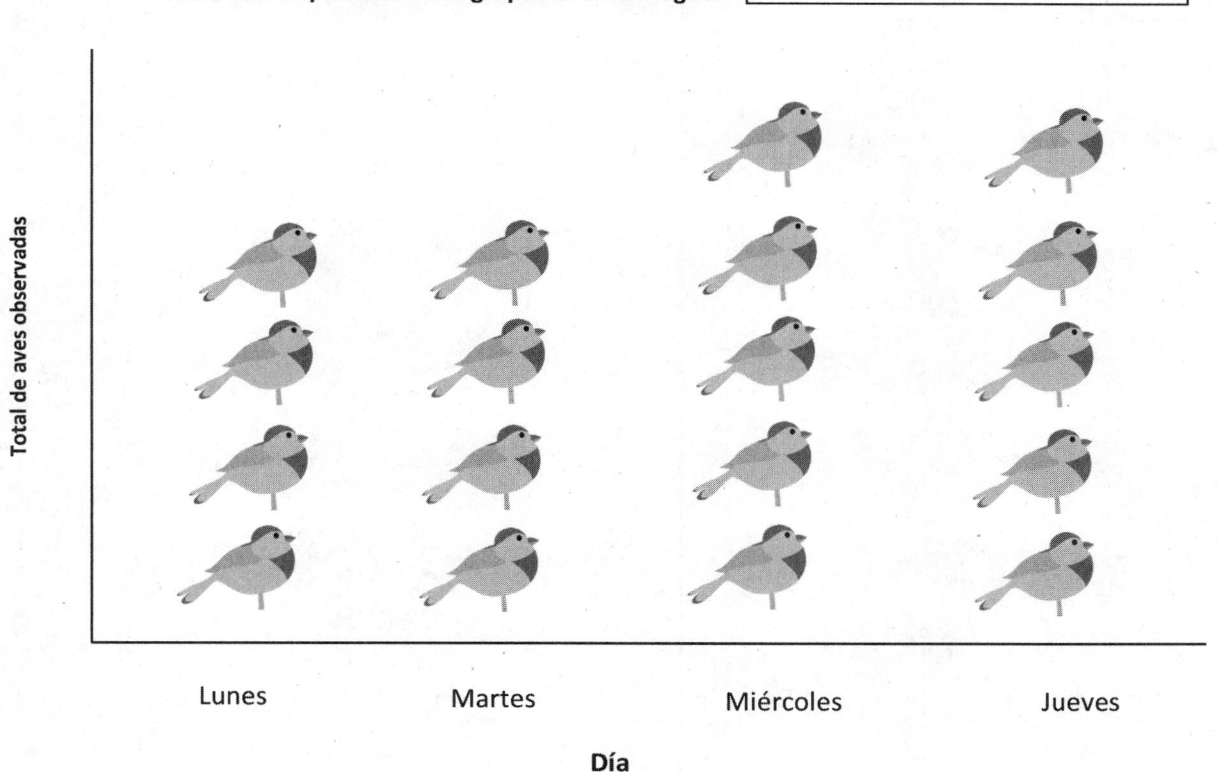

a. ¿Cuántas aves más observó el grupo del Sr. Gallagher el miércoles y el jueves que el lunes y martes?

b. El grupo del Sr. Manning observó 104 aves. ¿Cuántas aves más observó el grupo del Sr. Gallagher?

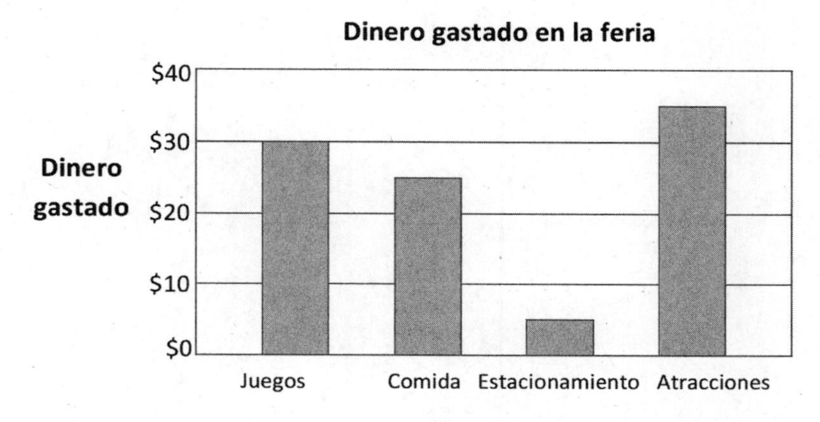

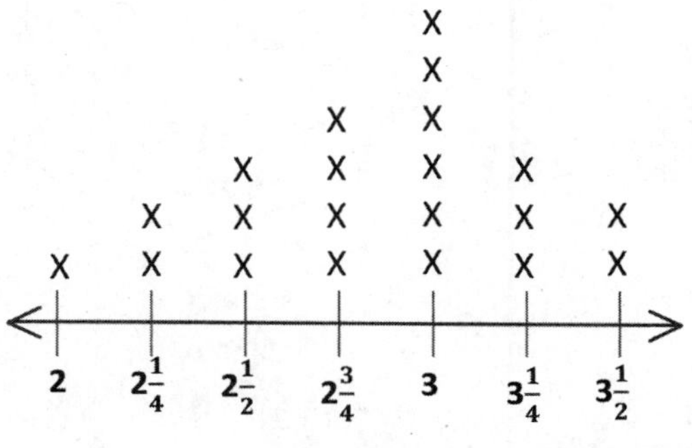

gráfica de barras y diagrama de puntos

Créditos

Great Minds® ha hecho todos los esfuerzos para obtener permisos para la reimpresión de todo el material protegido por derechos de autor. Si algún propietario de material sujeto a derechos de autor no ha sido mencionado, favor ponerse en contacto con Great Minds para su debida mención en todas las ediciones y reimpresiones futuras.